地球研叢書

生物多様性は復興にどんな役割を果たしたか

東日本大震災からのグリーン復興

中静　透
河田雅圭
今井麻希子
岸上祐子
編

昭和堂

はじめに

二〇一一年三月一一日に起こった東日本大震災は、その被害の大きさに驚くと同時に、私たちにさまざまなことを考えさせた。編者の河田と中静は、当時仙台に住んでいたこともあり、身近なところで起こった大きな災害を目にして、失われた生命や財産の大きさに驚き悲しむと同時に、こうした災害に対する社会の脆弱さを強く感じた。また、災害からの復興の様子もすぐ近くで見ていて、その在り方にも大きな疑問を持つことが多かった。

地域の自然や生態系と生物多様性、そしてそれに根差した産業に近い分野を専門とした研究者であった私たちは、復興の中でそれらが重要な役割を果たす可能性を持つにもかかわらず、それをあまり考慮しない復興が進むことに納得していなかった。こうした思いを持った人たちは、実は被災された方の中にも少なくないことを知り、とにかくこの共通の考え方をもっと見極め、その方向の復興を実現できないか、と考えたのが「海と田んぼからのグリーン復興」（略称「うみたん」）であり、そこで繰り返した会議が「うみたん会議」であった。この本は、そうした感情や疑問を共通して感じた人たちの集まりが生んだものである。

「うみたん会議」を繰り返すうちに、地域の自然や生物多様性、あるいは自然資本とよばれるものが、私たちの想像以上に重要な役割を持っていることが明らかになった。復興だけでなく、地域の活性化やそれに関わる社会の持続性とレジリエンスという根本的な問題にもカギとなる役割を果たしていることも確信した。つまり、この本で紹介する内容は、東日本大震災の報告にとどまらず、その後に起こったさまざまな自然災害からの復興や地域の持続可能性に関係するさまざまな示唆を含んでいる。そうした点を読み取っていただければ幸いである。

二〇一八年八月

編者一同

目次

Ⅱ　松島湾のめぐみが復興を支える——浦戸諸島の自然に生きる

Ⅲ グリーン復興の可能性を探る

序　生物多様性は復興に必要である

中静　透
河田雅圭
今井麻希子
岸上祐子

生物多様性の意味をあらためて考える

二〇一〇年は名古屋で生物多様性条約の第一〇回締約国会議が開かれ、生物多様性や生態系が人間の生活にとって重要な意味を持つことを、多くの人たちが改めて認識した年だった。翌二〇一一年は、そうした活動をより強めてゆく年になるはずであった。そこに三月一一日の東日本大震災が起こった。あの甚大な被害を目の当たりにして、生物多様性や生態系の話などしている場合ではないと思っていた。しかし、その当時生物多様性や生態系について議論をしていた仲間たち（東北大学生態適応センターを中心とする有志）の中から「とにかく現地を見て考えよう」という声が上がり、二〇一一年四月に、私たちは石巻から女川までの被災地を視察した。その後、今後どのような取り組みが可能かを議論した。

被災者の方々の心情を考えると、生態系や生物多様性を全面に出したメッセージは、共感を得られないという認識がある一方、このままでは、生態系などへの影響をまったく考慮しない復興が行われ、それは地域の人たちにとっても有益ではないのでは、という危惧を抱いた。

被災を受けた東北地方では、農業や漁業などで生計を立てている方が多く、それらの人々は、まさに生態系からの恵み（生態系サービス）を受けているといえる。そのことを考えると、震災直後だからこそ、生態系からの恵みを活かした復興を行うことを宣言することが重要であるという認識で一致した。私たちは、さらに議論を重ね、「海と田んぼからのグリーン復興」という活動を始めることを決意し、国連が制定した国際生物多様性の日である二〇一一年五月二二日に、「海と田んぼからのグリーン復興宣言」を発表した。

その宣言は以下のように書かれている。

> 二〇一一年三月に発生した地震と津波により、私たちの住む東北地方は、甚大な被害を受けました。今やこの地域の社会と経済の復興は、国際的・日本全体の関心事になっています。
> これまで『森は海の恋人』と呼ばれてきたように、海の恵みは、山、森、川、そして田んぼの営みのつながりにも支えられてきました。今回の被災地の多くは、こうした生態系の恵み（生態系サービス）を最大限に利用する生活をしてきた地域です。今、できるだけ早い復興は、共通した願いですが、環

境への影響評価を行うことなく、早急に山や森を削り、川や海、そして田んぼの生物多様性や生態系への配慮のない造成は、生態系サービスを低下させ、被災地以外にも多くに二次的な災害を生み出しかねません。

　私たちは、この地の農林水産業が享受すべき将来の生態系からの恵みを見据え、海や田んぼの生態系の豊かさや、生物多様性を育む『グリーン復興』を行うことで、農林水産業とともに生きてきた地域が、より着実に、力強く復興すると信じます。

　そして地域の豊かさと強さにつながる生態系の回復力を助け、自然と社会が共生した復興を、ひとりひとりの市民として、その計画から積極的に関わり、一緒に支えてゆくことを宣言いたします。


　東日本大震災は、現代社会の脆さをあからさまにした。沿岸部を千年に一度という大きな津波が襲い、多くの家屋や、生産基盤となるインフラ、交通網が失われた。その結果、東日本全体がマヒ状態に陥った。これらの事実は私たちに、さまざまなことを考えさせた。

たとえば、都市はいかに災害リスクの高い場所につくられていたか。過去の津波の教訓を残そうとした先人の努力を忘れ、平時の便利さを優先していたこと。一極集中の発電やライフラインの供給システムが崩れると、長期にわたって回復が難しいこと。震災によって生活の手段や仲間を失ったたくさんの人々が、その場所に住み続けるかどうかの選択を迫られたこと。津波を生き延びた人たちの救助には時間がかかり、食糧や水などのサポート体制をつくるのにも時間を要したこと。この震災が現代日本の生活の問題点を浮き彫りにした、という声も聞かれた。

被災地の復興に関してもさまざまな可能性が検討された。ライフラインや住宅を復活させ、地域の産業を再興するスピードが優先されるのはもちろん必要なことであったが、その方向はこれまで日本が経験してきた経済成長路線そのままを希望的に考えた計画もかなりあったのではないかと思う。それに対して私たちは、①災害に強い暮らし方、あるいは地域社会とはどのようなものなのか、②地域の産業復興を考える上で何を大切にしなくてはならないのか、を考えた。そして、以下のような具体的提案も宣言に盛り込んでいる。

一、生態系の機能を活用した災害のリスクを和らげる土地利用
① 沿岸の水田地帯は積極的に復元する。湿地の力を借りて、農地の地力を回復する。復元が難しいところ（海抜〇メートル以下など）は、新たな自然再生の場（干潟、海岸湿地）としての利用も考える。
② 氾濫原や遊水池を設定したり、海岸の幅をとったりして湿地域（里湿地）を設け、災害のリスクを和らげる。
③ オフセット、税制優遇制度（保全地役権等）、保険など、災害を緩和する土地利用に関する資金メカニズムをつくる。

二、流域全体の生態系からの恵みを低下させない防災・造成の配慮
①　その土地の植物を利用して、自然を回復する。
②　海の自然の保全と良質な水源確保のために、適切な森林管理や土砂流出の少ない土地開発を行う。
③　海の生物資源や、生物の移動に配慮した建造物（鉄道・道路）をつくる。構造物の可動性の確保、水の勢いを受け流す家屋など、津波・水害による浸水の流れを緩和し、自然と調和する建造物の工夫を行う。
三、生態系とその回復力を活かした、持続可能な営みの創造
①　地域の産業計画（農業、漁業、林業、観光、教育）を構想する際、地元文化と生態系の回復力を取り入れて営みを考え、共有し、合意形成を図る。生態系からもたらされる景観や、郷土の持つ文化的な価値を積極的に高める。
②　バイオマスエネルギー、小水力など、小規模な自然エネルギーを利用し、集落のエネルギー自律性を高める。また地域のエネルギーである地熱の利用を推進する。
③　東北の豊かな食文化・地域資源を通して、復興と生物多様性の両方を支える他地域からの長期購買予約や投資などの、安定的な資金メカニズムをつくる。

その後、「海と田んぼからのグリーン復興」会議（略称「うみたん会議」）を二〜三ヶ月ごとに開き、被災した各地で同じような意図をもって復興活動をされている方々の事例を紹介していただいたり、

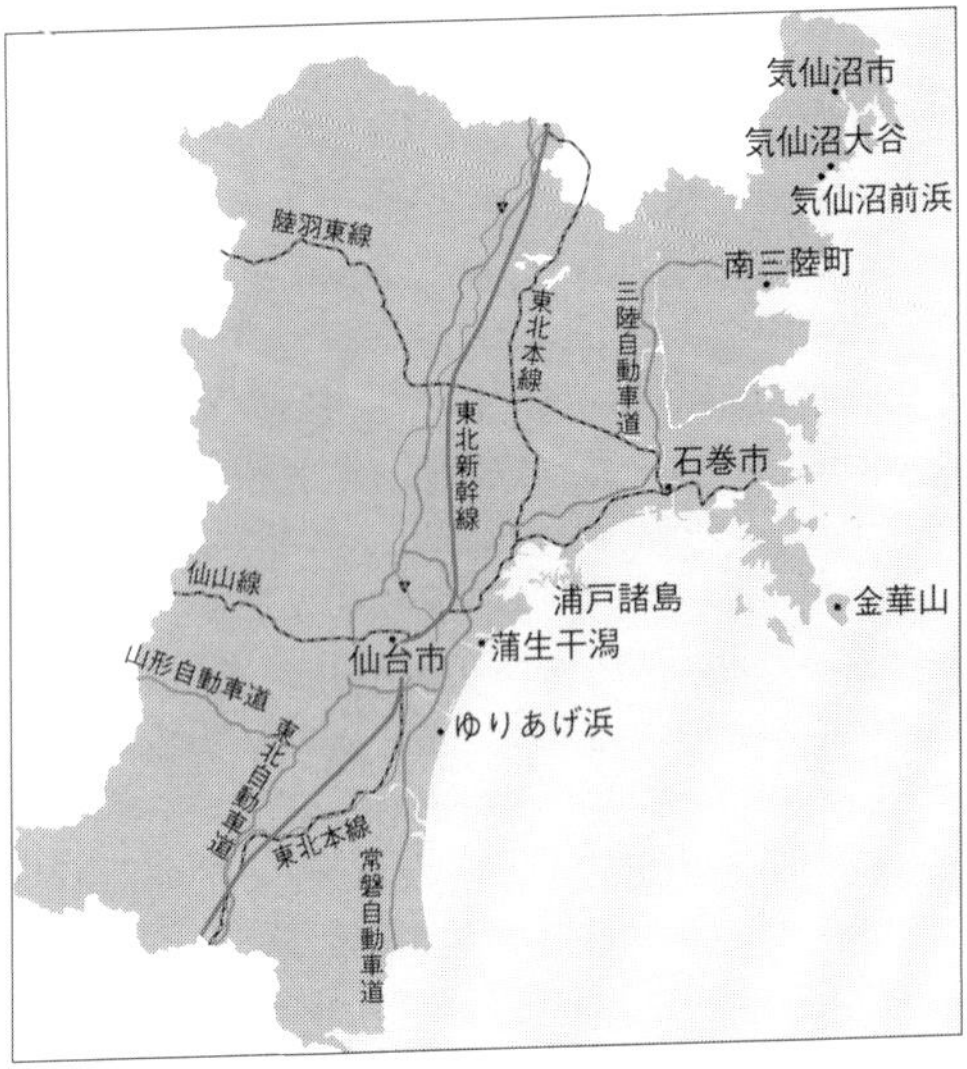

図１　本書で紹介する主な地域
注：唐津ふき子作図。

必要な場合には現地を見せていただいたり、実際に活動のお手伝いをさせていただいたりしたものもある（巻末資料参照）。この会議には、二〇一六年一二月まで合計二五回、七八の団体や個人が、各地から参加してくださった。「うみたん会議」に何度も参加され、時々刻々の状況の変化を報告してくださった方々も多い。本書で紹介する南三陸や浦戸諸島での取り組みは、「うみたん会議」の主要メンバーが関わってきたものである（図1）。

そうして六年間が過ぎ、復興もある面では進んだが、問題点も残された。被災された方々や地域の意識や考え方も、いくぶん変化したように思うし、私たち自身の活動としても、うまくいった例もあれば、いかなかったものもあった。こうした経験を私たちの中だけにとどめておくのは、今回の大きな犠牲の上にある努力や教訓を活かせないことになると思った。そこで、さらに六〜七年目にはインタビューなどの取材を加えて、本書の出版に至った。

災害に強い社会とは？

震災以降、「レジリエンス」という言葉を時々聞くようになった。政府も二〇一三年三月に内閣官房にナショナル・レジリエンス（防災・減災）懇談会を設けている。レジリエンスを「強靭さ」という言葉で表現し、二〇一三年一二月に国土強靭化基本法が制定された。レジリエンスという語は、もともと生態学などで用いられていた言葉であり、①大きな災害でも基本的なシステムを失わないこと（頑健さ）、②災害によるダメージからの回復が早いこと（回復力）という二つの意味を持っている。ただし、国の懇談会で議論されていたのは、主として耐震性の高い建造物であったり、引き波で破壊されにくい堤防であったり、被災地へ到達するルートを複数確保できるような道路網であったり、情報の一極集中を避けるシステムであったりというふうに、ハード面に重きをおいて考慮されたレジリエンスであった。

これに対して、私たちは生態系を利用してレジリエンスを高めるやり方を考えた。たとえば、巨大な防潮堤をつくるかわりに、高台へ住居を移転し、海岸には湿地や砂浜、干潟という生態系を残す、あるいは水田にするにしても災害時に回復の早い水田にする、というようなことだ。このような考え方は、欧米でも「生態系を基盤とした防災・減災（Ecosystem based Disaster Risk Reduction, EcoDRR）」と呼ばれ、近年その適用例が増えている。気候変動などによって、豪雨の頻度が増えたり、高波の危険性が高くなったりするということに対しても、同様に生態系を利用した対応（適応策）が可能であり、「生態系を基盤とした適応策（Ecosystem based Adaptation, EbA）」という考え方もある。こうした考え方は、かすみ堤のような日本の伝統的な技術にもある。また、スマトラ沖地震でも、マングローブ林が津波の被害を和らげた例が知られている。生態系を利用した方法は、大きな人工構造物を建設しなくてよいので建設費や維持管理費が抑えられる可能性があるという利点もある。ただし、人工構造物の方が、耐えられる物理的な強度などが明確（たとえば何メートルの津波に耐えるというような）であるのに対して、生態系を利用した場合にはそうした点があいまいになるという場合もある。こうした点から考えると、人口が減少し、国や県のインフラ建設の予算が縮小するという将来予測の中で、巨大な防災施設が果たして現実的なのか、疑問である。

生態系を利用する場合のもう一つの利点は、災害時以外（平時）の利活用ができるということである。たとえば、海岸林は津波や高潮の勢いを和らげる効果もあるが、平時には海からの潮風を防ぎ、砂の移動を止め、場合によってはマツ林からキノコが採れたりもする。海岸に広い干潟や藻場があると、消波効果があるが、そこは同時にさまざまな生き物の住処となり、その中では水産物として重要な魚介類の稚魚や幼生が育まれる。また、海岸は昔から地域の人たちが海水浴を楽しむ場でもあった。干潟には水質の浄化機能もある。

生態系はこうした恵み（生態系サービス）をたくさんもたらしており、近年ではこうした生態系サービスを経済評価する動きも広まっている（図2）。沿岸の生態系はほかの生態系よりも評価が高く、

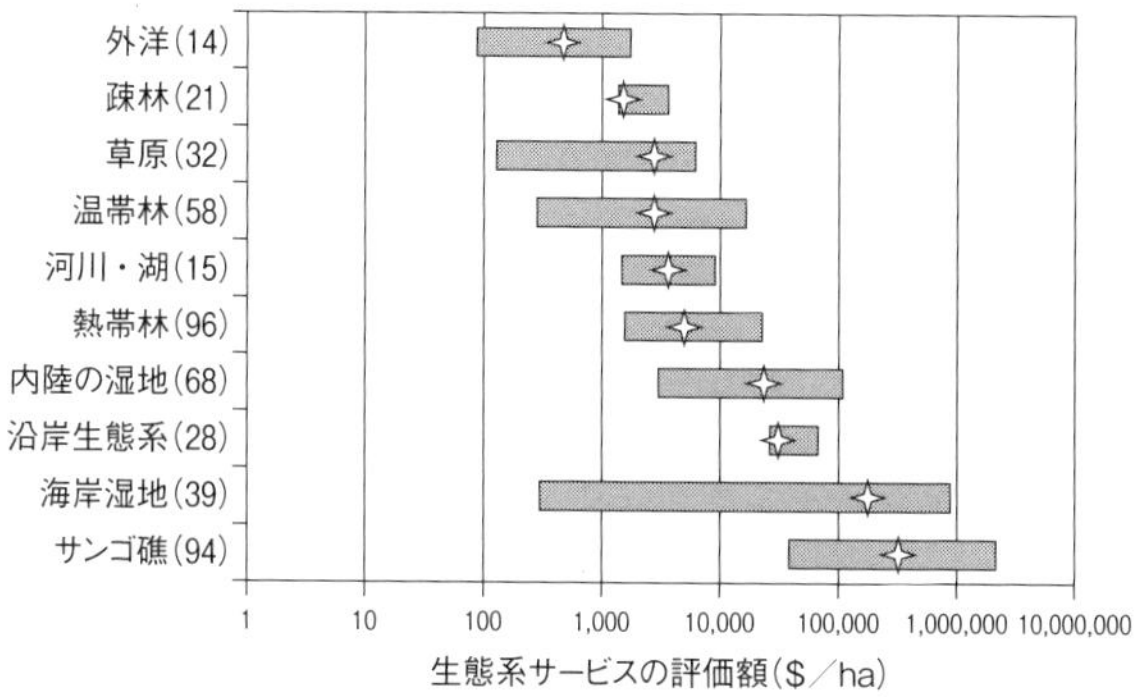

図２　生態系ごとの経済評価額

注：1ha あたり、1 年あたり米ドル。
出 典：Russi D., ten Brink P., Farmer A., Badura T., Coates D., Förster J., Kumar R. and Davidson N. 2013. *The Economics of Ecosystems and Biodiversity for Water and Wetlands*. IEEP, London and Brussels: Ramsar Secretariat, Gland.

一年あたり一ヘクタールあたりで一億円近くという評価額もある。こうした生態系の存在によって、三陸地方の豊かな海や豊富な水産資源が養われてきたと考えるべきであり、こうした生態系は地域社会の成立基盤として、地域のレジリエンスを高めることに寄与している。防災・減災を理由としてそうした生態系を失うことは、地域にとって大きなマイナスといえるだろう。とくに、生態系をさまざまな恵みを生み出す資本と考え、それを利用する生活や産業は、GDPのような経済指標ではとらえることのできない、さまざまな豊かさをもたらす可能性があり、近年国連が打ち出した持続可能な開発目標（SDGs）とも方向性が重なっている。

　そういう意味で、都会のような人口密度や財産が密集する地域ではともかく、今回津波の被害を受けたような地域では、防災・減災を考える上で、生態系への配慮は地域にとって必須のことであると思っている。

こうした考え方は被災直後には十分考慮できなかった面もあるが、次第に地域の人たちの中にも広がってきたのではないか。二〇一二年には、環境省が三陸復興国立公園の創設をはじめとしたさまざまな取り組みの中で、「国立公園の創設を核としたグリーン復興――森・里・川・海が育む自然とともに歩む復興」と位置づけられ、基本理念とされた。また、ナショナル・レジリエンス懇談会と強いつながりを持つ一般社団法人レジリエンスジャパン推進協議会の中にも、グリーン・レジリエンス・ワーキンググループがつくられ、そこからの提言によって、二〇一六年の国土強靭化アクションプランには、生態系を利用した防災・減災なども盛り込まれるようになった。こうした流れは「海と田んぼからのグリーン復興」の理念が少しずつ活かされてきていることを示している。

この本の構成

この本では、「海と田んぼからのグリーン復興」としてさまざまな地域で取り組んできた復興の歩みを、グリーン復興という視点から見つめなおしたい。とくに、南三陸（第Ⅰ部）と浦戸諸島（第Ⅱ部）は、私たちが深く関わってきた場であり、そこで行われた地域の自然や生態系をその実情に合わせて活かした復興について、さまざまな立場の方々のインタビューを通じて紹介したい。地域の自然資本を活かしたグリーン復興の実現において、地域の人たちが、自然の持つ宝（自然資本、一二頁のコラム参照）をどう見出し、どのような気持ちで活用したのか、そしてそれを実現した地域のネットワークや、地域外の人たちとの協力関係をどう築いてきたのか、というような点が重要な意味を持つと考えられるからである。第Ⅲ部では、グリーン復興に関連して、そのほかにも行われたいくつかの取り組みをトピックで取り上げる。第Ⅳ部では、今回の復興で大きな議論を巻き起こした防潮堤問題を取り上げる。この中でもとくに、沿岸の自然や生態系と人工構造物をめぐる合意形成のあり方を考える。最後に第五章で、私たちの取り組みの中で見えてきた方向性・問題点をまとめる。それを通じて、この七年間の復興を振り返ると同時に、今後、また経験するかもしれない大きな災害に対する備えと復興活動についての教訓にしたい。

［コラム］自然資本がまちづくりのベースに

藤田　香

グリーン復興の際に重要になるのは、地域を構成する森林や河川を含む生物多様性などの自然である。こうした自然は、木材や飲み水を提供するだけでなく、洪水を調整したり川魚を育んだりといった、さまざまな恩恵（生態系サービス）を私たちにもたらしてくれる。しかし、私たちはこうした自然の恵みをこれまでタダで使ってきた。もちろん、木材の代金や水道代を払ってはきたが、洪水調整や生き物を育む価値には対価を支払ってこなかった。自然の価値が経済システムの中に組み込まれてこなかったからである。

ところが最近、自然や生態系の価値を経済システムの中に組み込み、金額で認識しようという動きが始まった。それが「自然資本」の考え方である。水や大気、土壌、植物相、動物相などの自然の財産を「資本（ストック）」と見なし、そこから生み出される木材や洪水調整などの恩恵を「フロー」と見なす考え方だ。自然の価値を金額などで定量評価し、経済システムや会計システムの中に組み込んでいこうとする動きだ。

自然資本の考え方は昔からあったが、国際的にクローズアップされたのは、奇しくも東日本大震災の翌年、二〇一二年にブラジルのリオデジャネイロで開かれた国連持続可能な開発会議（リオ＋二〇）の場だった。気候変動枠組み条約や生物多様性条約が採択された一九九二年のリオの地球サミットから二〇年目の節目に開かれた重要な国連の会議である。

リオ＋二〇では、世界の首脳や企業経営層が集まり、「自然資本ハイレベル対話」という会合が開かれた。その中で世界銀行は、自然資本の価値を国家会計や企業会計に組み込む「ＷＡＶＥＳ（生態系価値評価）」というプロジェクトをお披露目し、同プロジェクトへの賛同を募るキャンペーンを行った。五九ヶ国、八八社が署名し、その中には消費財大手のユニリーバやスポーツ用品大手のプーマなども含まれた。プーマは、同社の事業が自然資本に与える影響を金額換算した会計システムを発表し、会議で大きな注目を集めた。主要な金融機関が参加する国連環境計画（ＵＮＥＰ）金融イニシアティブも、リオ＋二〇で「自然資本宣言」を発表し、自然の価値を経済的に把握し、投融資の際の判断基準にすることを打ち出した。

日本の自治体や企業にも、自然資本の価値を再認識する動きがじわじわ広がっている。町の面積の九割を森林が占める北海道下川町は、二〇一三年に自然資本宣言を発表し、自然資本を活かした地域創造の方針を示した。東日本大震災で甚大な被害を受けた宮城県南三陸町は、三方を山に囲まれ、一方を海に面する自然豊かな町である。同町は復興に際して自然を活かしたまちづくりをしようと、森林では持続可能な森林管理を行う国際森林認証のＦＳＣ（森林管理協議会）認証を取得し、海では戸倉地区のカキ漁業で環境や社会に配慮したASC（水産養殖管理協議会）認証を日本で初めて取得した。一つの自治体でFSC認証とASC認証を取ったのは初めてで、町の再生に自然資本の保全と活用を据えていることが分かる。

「海と田んぼからのグリーン復興」は、自然豊かな東北の各地が持つ森里川海の価値を再認識し、堤防などの建築物で対策した場合と同等の機能を自然に担ってもらい、経済性も担保しようという取り組みである。自然資本をベースにした復興やまちづくりのモデルケースになるような取り組みがたくさん詰まっている。

Ⅰ　山と海のつながりが町を復活させる——南三陸町のチャレンジ

山から海までをコントロールできる町

中静　透

分水嶺がほぼ町の境界

南三陸町は、宮城県北東部にある面積一六三・四平方キロメートルの町で、二〇〇五年に旧志津川町と旧歌津町の合併によってできた。太平洋に面し、沿岸部はリアス式海岸特有の豊かな景観を持つ。陸側では、三方を標高三〇〇～五〇〇メートルの山に囲まれており、分水嶺がほぼ町の境界となっているため、町に降った雨のほとんどが志津川湾に流れ込む、いわば山から海が一体で、流域圏が俯瞰できる豊かな自然環境を持つ町であり、震災前には南三陸金華山国定公園の一部であった。震災後は、新たに設定された三陸復興国立公園の一部となっている（図1）。

漁業がさかんな町で、震災前の水揚げ額は約四〇億円、うち八〇～九〇％がカキ、ワカメ、ホタテ、ギンザケ、ホヤなどの養殖が占める。森林面積は一二六平方キロメートル（町の七七％）を占めるが、うち九〇平方キロメートルが私有林である。農業は米、野菜、花きを中心に年間約一九億円の生産があった。商店の売り上げは年間約二二〇億円、工業生産は年間約一五〇億円、観光客は年間約一〇〇万人、うち二七万人が宿泊客であった（いずれも二〇〇五年の統計）。

現在でも「講」や「結」などの互助システムが残っている地域があり、人々の結びつきやコミュニティとしてのつながりが強く残っている地域である。舞踊やお囃子、太鼓といった一五以上もの郷土芸能が保存されており、鹿踊りの原型といわれる行山流水戸辺鹿子躍《ししおどり》を近年復活させるなど、地域文化に対する意識も高い。また、震災前には、米国や台湾との交互ホームステイなどの交流や首都圏の中学生のファームステイや居住交流なども行われていた。

二〇一〇年に定められた町民憲章には、

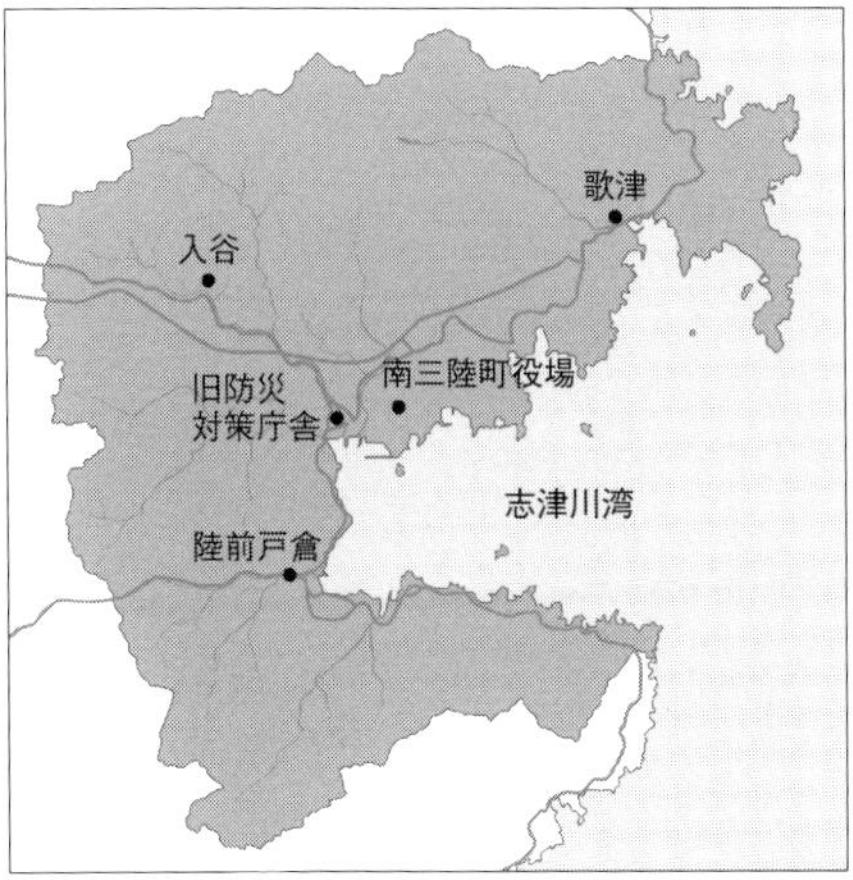

図１　南三陸町
注：唐津ふき子作図。

海のように広い心で　魚のようにいきいき泳ごう
山のように豊かな愛で　繭のようにみんなを包もう
空のように澄んだ瞳で　川のように命をつなごう
大きな自然の手のひらに　抱かれている町　南三陸

と謳われており、自然を活かしたまちづくりが震災前から指向されていた。

町の復興に自然を活かす

人口は震災前から減少傾向が続いており、震災直前の人口は一万七六六六人だった。このうち、津波によって死者六二〇人、行方不明二一一人という大きな被害を出した。その後も急速な人口減少が続き、二〇一五年三月には一万四〇六八人まで減少した。その後、減少スピードは弱まったものの、二〇一七年一月の時点で一万三五一一人となっている。半壊以上の建物被害は三三二一戸（六一・九四％）におよんだ。

復興にあたっては、「なりわいの場所はさまざまであっても住まいは高台に」が原則となっており、住居はすべて最大クラスの津波の被害を受けない高台に移転が進んでいる。二〇一七年三月の段階で、防災集団移転促進事業は一〇〇％、災害公営住宅整備事業は八四％が完了している。震災前の二〇〇九年に四一億円だった養殖売上高は二〇一五年に三七億円、震災前の二〇一〇年に一〇八万人であった観光客も二〇一五年には八〇万人まで回復している。二〇一一年一二月に南三陸町復興計画がつくられ、その中で、①安心して暮らし続けられるまちづくり、②自然と共生するまちづくり、③なりわいと賑いのまちづくりという三つの目標が示されている。さらに、それを発展・継承する形で二〇一六年一月に南三陸町第二次総合計画が策定された。この間、二〇一四年三月にはバイオマス産業都市に選定され、バイオマスのエネルギー利用を進めたほか、二〇一五年一〇月に国際森林認証FSCを取得、二〇一六年三月には戸倉地区のカキ養殖がASC認証を取得するなど、地域の自然資源を利用した持続性の高いまちづくりを目指して復興が行われてきた。さらには、レジリエンスの高い地域づくりを目指す Next Commons Lab 南三陸の設立など、自然資本を活かした持続可能な地域づくりを目指す動きが加速している。

第Ⅰ部では、南三陸町の復興に関して、CEPAジャパン（CEPA JAPAN）や博報堂の立場からさまざまな助言やコーディネートをされ、「うみたん会議」においてもその動きを折に触れ紹介してこられた川廷昌弘さんに、時間を追った動きを概観してもらい、そのあとにそれぞれの活動を主としてリードされてきた方々のインタビューを紹介する。

山と海をつなぎ、海と山をつなぐ

川廷昌弘

東北グリーン復興事業者パートナーシップ

震災後二年を経て「うみたん会議」は、東北各地の今を伝え、自然資本をふまえた地域創生や産業振興を見据えて、非営利組織、アカデミア、自治体だけでなく事業者の参画を考える機会づくりに向けて動き始めた。タイミングよく復興庁の「新しい東北」先導モデル事業が始まり、博報堂の提案により「うみたん会議」も被災地の産業と事業者をマッチングする事業計画「東北グリーン復興事業者パートナーシップ」を申請し採択された。まず、一〇年後の事業の姿を創造するための「未来洞察」というワークショップを開催し、都内の企業や地域の企業、非営利組織、大学などの研究機関、自治体などから多様な参加者を集めてアイデアを練った。そしてもう一つ、地域の自慢の産物を食べ、地域の魅力を感じて歩き、地域の地形や歴史を学び、地域を未来に向けて守るという、「食歩学守」をコンセプトにしたコンテンツ開発を行うことになった。その先導事例として浦戸諸島と南三陸町を選んだ。

まず、南三陸出身の、大正大学准教授（当時）で、NPO東北開墾理事でもある山内明美さんと相談し、地域資源マップを作成して南三陸の全戸に配布した。また、「山主と歩く島から山へ　しづがわ源流ウォーク」モデルツアーを企画した。さらに南三陸だけでなく、東北各地の状況を伝えるウェブサイト「東北グリーン復興コミュニティ」を構築した。

南三陸を山から動かす

「東北グリーン復興事業者パートナーシップ」では、二〇一四年度に南三陸の国際森林認証FSC（Forest Stewardship Council 森林管理協議会）取得をサポートすることになった。林業家の佐藤太一さんの「漁業だけだと思われがちな南三陸を、山からも動かしていきたい」という思いを形にするため、彼のほかに製材業の小野寺邦夫さん、南三陸の自然に詳しい鈴木卓也さんらとともに、コミュニティや生物多様性なども考慮して、林業を中心に「ものづくり」と「ものがたり」の具体的なメッセージを発信することとした。まず、二〇一四年六月には南三陸のホテル観洋で、東北からの林業の復興をテーマにした「南三陸森林組合フォーラム」を開催した。続いて九月には、杉を使った家具を提唱する家具デザイナーの小田原健さんを招いて「デザインの力セミナー」を開催した。さらに、全国の都道府県に勤務する女性林業職員がつくる「豊かな森林づくりのためのレディースネットワーク21」が主催するフォーラムの開催や、東京ビッグサイトで開催されたエコプロダクツ展での南三陸コーナーの設置とプレゼンテーションなど、「南三陸杉」のブランド化に向けて動き出した。

「山さ、ございん」

二〇一五年度からは、ＦＳＣの認証を目指すと同時に、認証取得後に展開する具体的なプロジェクトの準備を進めてゆくこととなった。そのための実行委員会を設け、森林組合長の佐藤久一郎さんに実行委員長をお願いした。そして、博報堂のデザイナー杉山ユキさんによる南三陸杉のブランドロゴデザインが決まり、プロジェクトの名称も山へいらっしゃいという意味の「山さ、ございん」と決定された。また、「ものづくり」としては「南三陸杉デザイン塾」を開校し、「ものがたり」としては山を体験する多様なプログラムを実施することとなった。「南三陸杉デザイン塾」は、二〇一五年八月に、南三陸町のグランドデザインにおいて重要な役割として参画している隈研吾建築都市設計事務所の設計室長・名城俊樹さんを招いて、開講記念オープンセミナーを開催した。このデザイン塾は二〇一五年一二月までに五回開催している。

一方、「ものがたり」の取り組みは、山が持つ本来の機能や魅力を引き出す取り組みを進めることとなった。その中心的存在は南三陸ネイチャーセンター友の会の会長でもある鈴木卓也さんであり、彼をリーダーとする二つのプロジェクトが始動している。その一つ「火防線トレイルプロジェクト」は、以前は山焼きや山火事の延焼を防ぐため幅五メートルほどの裸地になっていた分水嶺を、環境教育プログラムやボランティア活動などによって全長約六〇キロメートルのトレイルとして再生することを目指す。もう一つは「イヌワシ生息環境再生プロジェクト」で、もともと南三陸に生息していたイヌワシの復活を目指すというものである。具体的には佐藤太一さんらが目指す持続的な森林経営によってイヌワシの生息環境を確保し、日本自然保護協会や国有林と連携した森林整備と調査観察を行うことが目的である。イヌワシにとっては若い造林地や伐開地などが重要な狩場になるため、林業の活性化はイヌワシにも望ましいことなのだ。

ＦＳＣ認証とその後

こうした活動が実を結び、二〇一五年一〇月に南三陸は正式にＦＳＣ認証を取得した。宮城県では初であり、東北でも被災後は初めての取得となり、山からの復興のキーアクションとなった。被災地としてだけではなく森林管理が行き届いた豊かな林業地として南三陸森林管理協議会を設置して、全国に向けた発信拠点となり注目を集めている。

この取り組みに対して、いくつかの企業とのマッチングもコーディネイトした。日本テトラパックはＦＳＣ製品の普及を進めており、ウェブサイトを通して「林業の活性化と震災復興につなげる取り組み」としての紹介やＦＳＣ取得の支援をしていただいた。スターバックスは、全店舗のペーパーカップをＦＳＣ認証に切り替えたことを踏まえて、認証林そのものをスタッフに体感してもらうことを目的とした「チェック・ツリー・ツアー」を佐藤太一さんと考案し、南三陸町観光協会の企画・協力で実施した。その結果、仙台市内の店舗がリニューアルする際に、カウンターテーブルや壁のオブジェなどに南三陸杉を使用してもらうこととなった。そして火防線トレイルプロジェクトはパタゴニアによる助成および社員有志による協力も得られている（五三頁参照）。

そのほか、「うみたん会議」で出会い、その後も連絡を取り合ってきた毛利親房さん（仙台秋保で仙台秋保醸造所を設立）と相談した結果、ワインとカキや木工製品によるコラボレーションが具体化している。手始めに、南三陸で生産しているリンゴを使ったシードルが商品化された。また、毛利さんから、ブドウの苗木を一〇〇本寄贈してもらい、南三陸で栽培を開始した（四三頁、写真６）。

「海さ、ございん」

「山さ、ございん」の展開を見守ってくれていた南三陸町産業振興課の高橋一清課長（当時）から、山だけでなく海についても、ＡＳＣ（Aquaculture Stewardship Council 水産養殖管理協議会）の認証取得に向けて支援を考えてほしいというお話があった。そこで、漁業組合戸倉支所長（当時）の阿部富士夫さんと、牡蠣部会長の後藤清広さんと協議し、すでに支援に入っていたＷＷＦとも協働し、海の認証にも着手することとなった。取得すれば国内初のＡＳＣ認証となる。とはいえ、津波で養殖筏をすべて失った厳しい状況からの再スタートであった。ＡＳＣを取得するカキは、地域のみなさんの希望で「南三陸戸倉っこかき」と命名されることとなった。「海さ、ございん」のロゴも「山さ、ございん」との連動を考えたデザインに決まった。

写真１　水産養殖管理協議会の認証を受けた「南三陸戸倉っこかき」（川廷昌弘撮影）

実行委員の多くが出身校である戸倉小学校は、宮城県の「ふるさと教育」の研究指定校として、「ふるさとを知り、ふるさとを愛し、ふるさとを創る子どもたちの育成」を合い言葉に長年、ふるさとを創る主体を育て上げてきた。この精神が地域と学校の結びつきを固いものにし、当時の子どもたちが現在は保護者となり地域を支える人材となっている。震災当時、学校にいた子どもたちが全員避難し、山中で極寒の夜を明かして助かったという事実が、それを裏づけている。未来を担うこのカキは、そんな想いが託されたブランド名となっている（写真1）。

漁師さんたちの努力の末、二〇一六年三月に日本で初のＡＳＣ認証が誕生した。これにより南三陸は山と海の国際認証をダブル取得した日本で唯一、世界でも初めての自治体となった。

四月四日にはＦＳＣとＡＳＣのダブル認証の合同記者発表を行い、全メディアの記者を集め、多くの紙面や番組で拡散された（写真２）。

写真２　世界で初めて一つの町が森林認証 FSC と水産養殖認証 ASC の両方を取得。その記者会見（川廷昌弘撮影）

復興庁の補助事業は二〇一五年度で終了したが、二〇一六年度からは三ヶ年で環境省の事業から一般社団法人ＣＥＰＡジャパンが支援を受ける形で、「山さ、ございん」「海さ、ございん」合同プロジェクト実行委員会を開催した。山の人と海の人が初めて一緒になって具体的な商品開発に向けた議論を展開している。具体的には、ＡＳＣ南三陸戸倉っこかきの販売ルート開発、加工商品の試作、ＦＳＣ木工商品の試作、秋保醸造所を絡めたコラボレーションの推進である。秋保醸造所のレストランで「南三陸戸倉っこかき」の試食会を開き、秋保温泉街の女将さんたちと南三陸観光協会との協働で南三陸のテロワールを巡る旅を実施した。

「森里海ひと」地域資源ブランド推進事業

並行して、二〇一六年九月にはブランド推進事業の骨格となる「南三陸地域資源プラットフォーム設立準備委員会」が設立された。筆者は地域居住者以外ではただ一人委嘱され、官民連携による地域資源を活かしたまちづくりの議論に参画した。南三陸町第二次総合計画二〇一六～二〇二五に記述された将来像「森里海ひと　いのちめぐるまち　南三陸」をキーワードに、被災前にあった自然環境活用センターを調査研究機関として据えて、さまざまな事業に知見を提供することをベースにした構想があり、それぞれの立場から多様な意見が出された。こうして取りまとめられた提言書は二〇一七年三月に佐藤仁町長に手渡された。

改めて振り返ってみると、プラットフォームが官と民の中間のシンクタンクとなり、さまざまな事業体や研究機関と連携して南三陸ブランドを創発するという考え方が特徴的であった。このように、筆者は東北大学の「うみたん会議」の枠組みから羽ばたき南三陸の一人ひとりと語り合って、個人としてのつながりをじっくりと時間をかけて深めながら取り組みを進めていった。

なお、この地域資源ブランド推進事業は、「ブランド管理育成」を目的に、この「プラットフォーム設立準備委員会」のほかに、「人材育成事業」「コワーキング基盤整備事業」「国際認証取得促進事業」の合わせて四つが二〇一六年度に動き出した。二〇一七年度からは「未利用資源活用実証事業」などの議論を重ねており、二〇二〇年度には自走体制に入る計画になっている。

また、これまでの歩みの象徴的な取り組みとして、南三陸町役場本庁舎と南三陸町歌津総合支所の建設において、主要な建材に南三陸杉のＦＳＣ認証材を一〇〇％利用し、公共施設では日本で初めてのＦＳＣ全体プロジェクト認証を二〇一七年八月三〇日に取得した（写真３）。

写真３　南三陸杉のFSC認証材を100％利用して建設された南三陸町役場本庁舎（川廷昌弘撮影）

さらに、二〇一六年は町内における国際認証の普及に関する調査事業と、二〇一七年は役場担当者マニュアルや事業者向けの認証取得に向けた普及教育ツールの制作、さらに町民向けのセミナーの開催などの普及事業を、南三陸町役場から東北博報堂が受託し筆者は業務サポートを行った。

このあとに続く南三陸町の方々の取材も、「グリーン復興」という概念を具体的な事例から浮き彫りにできるよう「山さ、ございん」「海さ、ございん」に関連した方々にお願いすることにし、筆者が取材日程を組んで、すべて同行した。

最後に、南三陸における生物多様性という概念は、この地域らしい理解で生業に染みついており、地域の人々と外部の我々をつなぐ、とてもベーシックなキーワードであったといえる。そして、このつなぐという行為は、外部の人間が地域の魅力や人々の意思を理解し、地域の「ものづくり」や「ものがたり」として置き換えて都市にわかりやすく伝わるようにコミュニケーション・デザインをすることでもある。外部の人間がアイデアを持ち込むのではなく、あくまでも地域の人々がやりたいことを形にするプロデュース能力が問われると、このような震災復興や地方創生に初めて取り組み、実感した。これは人間も含めた生物多様性という概念の本質を理解して行動することでもあると思う。

新たな価値を得て持続可能な産業へ
――インタビューから見る南三陸町の復興

岸上祐子

町立志津川中学校は南三陸町を見下ろす高台に建つ。その外壁には勇壮なイヌワシの壁画が施されている。イヌワシは翼を広げると二メートルにもなる大型の鳥類で、ノウサギや爬虫類、鳥類などを狩るため、豊かな自然のシンボルともいえる。このシンボルは南三陸町の鳥でもある（写真1）。

写真１　町立志津川中学校にあるイヌワシの壁画（川廷昌弘撮影）

南三陸町は分水嶺に囲まれ、山・川・里・海のすべてを抱く。震災前から住民は自然資源の利用方法に問題意識を持ち、地域を知り、町を盛り立てることに取り組んでいた。震災を機に、町の人々はどう感じ、どう取り組みを前進させようとしているのか。住民へのインタビューから紐解いてみたい。

自然の循環を意識し理解した産業

カキにとってもよい環境で育てるASC認証

二〇一六年、南三陸町の自然資本に改めて注目が集まった。町内に、森のエコラベルFSC（森林管理協議会）認証と、海のエコラベルASC（水産養殖管理協議会）認証、それぞれの国際認証を得た団体が誕生したからだ。どちらの認証も、環境に配慮した資源供給を保証するもので、いわば、自然資本の持続可能性に配慮して生産・流通していることの証明となる。これら認証を得るまでには、どういう経緯があったのか。

まず、ASC認証を取得したカキ養殖について見てみよう。

南三陸町の津の宮漁港にある宮城県漁業協同組合志津川支所戸倉出張所に入ると、海中の色とりどりの魚たちを撮影した写真パネルに驚かされる。南洋の海をイメージさせるような写真だが、「すべて南三陸の海岸で撮影されたもの」と説明するのは所長の阿部富士夫さんだ。

南三陸町には志津川湾を囲み歌津・志津川・戸倉地区に各漁港がある。中でもこの戸倉地区は比較的海が穏やかな場所のためカキ養殖がさかんで、南三陸町が出荷するカキの約六〇%を生産している。二〇一六年三月、WWF（世界自然保護基金）の支援を受けてASC認証をとり「南三陸戸倉っこかき」と名づけられた戸倉地区のカキは、大きく味もいいと評判だ（写真2）。この評判は、震災をきっかけに従来の養殖方法を大きく変えた成果だった。その養殖方法とは、筏などの施設数を減らし、かわりに養殖期間を短くするという、これまでの発想の逆をいく大胆なものだ。

カキは海に筏を浮かべ、そこから種カキを付着させた七～一〇メートルの縄を海にたらして育てる。現在は三〇三台の筏があり、筏一台あたり約二〇〇本、折り返した長さ一〇〇メートルの縄がぶらさげられている。以前は三倍以上の一〇八六台もの筏が浮かんでいた。

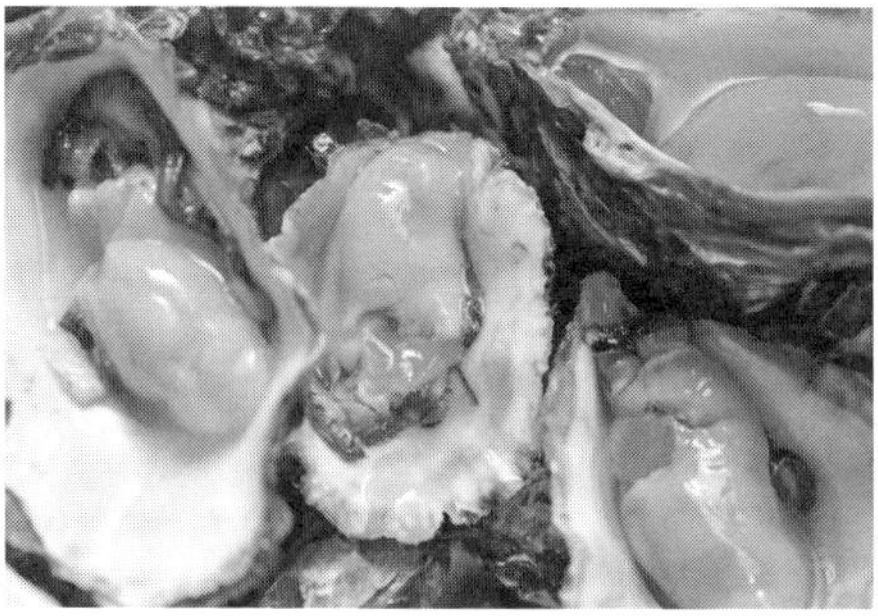

写真２　ASC 認証を得た「南三陸戸倉っこかき」（川廷昌弘撮影）

「もともとカキは一年ほどで出荷できるまでに成長していたのですが、震災前は密集しすぎて餌も足らないため成長が悪く、二～三年かけなければいけませんでした。しかし年月をよけいにかけるとコストがかかるし、低気圧や小津波などの災害のリスクも増えます。一割がだめになったら、その分、筏を増やして生産量を確保するという方法を何十年も繰り返してきたため、だんだん過密化してしまったんです」とカキ養殖漁師であり牡蠣部会長を務める後藤清広さんは振り返る。この話は、町役場の産業振興課長である高橋一清さんも裏づける。

「震災前、カキ養殖は密殖で酷い状態だったんです。このやり方がよくないのは分かっちゃいるけどって、みなさん言われる。

でも隣もやってるから俺もやる、止められないんだっていう話でした」。

カキの養殖には、水温やプランクトンの質など海の状況を見て、縄をぶらさげる深さや海域を変えるといった世話が必要である。過密養殖では、餌が不足することはもちろん、世話が行き渡らないことも成長スピードに影響して、小さなカキとなる。生産量も振るわず、戸倉地区（漁協組合員七八人）では、むき身二二〇〜二五〇トンで頭打ちだった。そんなジレンマを抱えていたところに東日本大震災が起こった。

「復興には『現状復帰』の選択もあったんです。でも、前と同じ台数の筏で同じ過密養殖をやっても、いい結果は期待できそうにない。改善するためにとことん話し合いました」と阿部さん（漁協）は語る。

カキの養殖には筏などの設備が必要で、ワカメやホタテに比べると初期投資がかかるため、震災後多くの年配者が廃業し、就業する牡蠣部会員は以前の七八人から三七人へと半分近くに減った。そこで思いきって二〇一二年に筏の数を減らすなど養殖方法の変更に踏み切った。一年後は一二〇〜一三〇トンと半分ほどの生産量に落ち込んだものの、二〇一七年には震災前の六〜七割まで回復し、今では高値で取り引きされることもあるという。

〝いい山〟と木材づくりの足がかりとするFSC認証

南三陸町にとってもう一つの大切な一次産業である森林はどうだろうか。

町の森林面積は一万二六八七ヘクタールほどで、その約一割の一三一四ヘクタールが二〇一六年に

ＦＳＣ認証を取得した。樹種は杉が七割ほど、広葉樹が一割ほどだ。認証を得た森林のうち町有林が最も広く八一三ヘクタールほどで、残りは慶應義塾大学の私有林六四ヘクタールなどの民有林だ。この地帯の山は霧が深く雨が少ないわりには杉が育つといわれ、育った杉は製材すると淡紅色で上品な風合いを醸し出し「美人杉」と呼ばれる。

写真３　自社の森について説明する佐藤太一さん（川廷昌弘撮影）

　ＦＳＣ認証をとるカギとなった人物が、震災をきっかけに帰郷した佐藤太一（写真３）さんだ。佐藤さんが一二代目となる実家は南三陸で林業や不動産業など手広く事業を行っている企業「佐久」だが、佐藤さんは大学を卒業後、山形で地球物理学者の道を歩んでいた。それまでのキャリアを手放して戻ってきたのは、「（被災して）大変だから、家業を本気でやろう」と考えてのことだった。

　最初は「自社だけでＦＳＣ認証をとろうと思っていた」と佐藤さんは語る。すでにＪ－クレジットを取得し、認証への関心は持っていた。しかしＦＳＣ認証を取得するには、生産現場だけではなく、流通の適正な管理状況までも求められる。認証制度について知れば知るほど、一企業の取り組みではできないこと、そして自社の木材生産だけでは頑張っても年間二千立方メートルレベルで、影響力は小さいことに気がついた。ちょうどその頃、町では持続可能性をうたう「南三陸町バイオマス産業都市構想」を策定しようとしており、この町の構想にはフォレストストック認定制度も絡んでいた。この認定のためには持続可能な森林管理で適切に整備・育成された森林でCO_2を吸収・固定することが必要で、FSC認証に必要なポイントとも重なった。こういった状況も後押しし、以前から取引のある製材所をはじめ関係者を巻き込むことになっていったのだ。

佐藤さんには「南三陸杉のブランドを確固たるものにするためにも、正しい背景を持った木材ブランドであることを担保するためにも、FSC認証の取得は必要」という経営的判断もあった。一方で、第一次産業従事者が多い南三陸町で、供給側が環境への配慮を意識した活動を発信することは、全国への波及効果も期待できると意識した上で、「ここは人と自然のつながりが色濃く見られる土地だということ、そして、どうあがいても自然の中で生きているんだということに、震災で改めて気づいたんです」と語る。バイオマス産業都市構想にのっとって、これからどういう町をつくっていくのか。「第一次産業は自然相手の産業なので、環境配慮や生物多様性を意識しないとだめじゃないか。そのために、どんなに資源を無駄なくきれいに活用したとしても出どころ、つまり資源供給側が、森林管理を適正なものにしていないと、いい町といえないと考えたんです」と語る。

森林から切り出した木を材にする製材所も、FSC認証取得に積極的に動いた。杉材の持つ空気浄化作用などの特質を保つために、製材時に四五度の低温乾燥にこだわる「丸平木材」。社長の小野寺邦夫さんは林業の先行きへの危機感もあり、自然によいというだけではなく、経済性も視野に入れ、山を健全に保つことができることに意義を感じたという。材の質より価格の安さが優先されがちな現在の市場で、それでも、よい材を求める「目利き」を相手にした商売を仕掛けようとしている。

FSC認証取得がすなわち木材の質のよさを保証するわけではない。ただし小野寺さんはFSC認証の基準にのっとった山の管理によって「必ず将来的には〝いい山〟になる」と確信する。

写真4　地元の木材が使用された町役場（町会会議場）（中静透撮影）

また南三陸では、山林から建築まで、つまり山から家の建材に使われるまで木と関わる人たちが手を組み、施主の家族を招いて、自分の家に使われる木が育った山を見てもらう取り組みも始まった。FSC認証を取得した材で家をつくることが、山を知ってもらうことや経済効果にも結びつき、さまざまな人を巻き込んで山を守ることにつながる仕組みにまで広がろうとしている。

二〇一七年に海抜六〇メートルの高台へ移転した南三陸町役場新庁舎も、公共事業の建造物としては日本で初めてのFSC全体プロジェクト認証を取得している。こうした地元の材を使うことは町の誇りにもなっていく（写真4）。

自然資本で新たに価値づけ、地元を巻き込む

冒頭でも触れた、漁業協同組合戸倉出張所にあるカラフルな海中写真でも分かるように、南三陸町は震災前から、漁業だけではなく、海の魅力を伝えることにも熱心だった。「一般社団法人サステナビリティセンター」の代表を務める太齋《だざい》彰浩さん。元町役場職員で、ネイチャーセンターで企画・運営を担当していた。現在は自然を活かしたまちづくりに携わる。「自然の研究をすることが、海の多様性が持続するシステムづくりにもつながるため、海に潜ることがあったんですが、漁協さんにとっては、当初、潜る＝密漁でした。しかし、だんだん見慣れてきたんです」と振り返る。当初、漁師たちは、魚を獲らずに写真を撮る様子にあきれていた。しかし、だんだんダイバーにも慣れて潜ることが受け入れられてきたため、ダイビングポイントとして観光開発に結びつけることができた（写真5）。その結果、漁師には聞きなれなかったダンゴウオやクチバシカジカといった北の海に住むかわいらしい魚の名前が町議会でも話題に上るようになったり、ダイビングのインストラクターに漁師の若い息子たちが入ったりと、町にダイビングをなじませることに成功したのだ。そこに経済的な仕組みづくりも忘れなかった。

写真５　豊かな恵みをたたえる海（川廷昌弘撮影）

「多くのダイビングポイントがダメになるのは漁師との諍いのためです。それで、漁協をうまく取り込む仕組みをつくらないといけないんです。たとえば、（ダイビング）ポイント管理料などをつくって、ダイバーが一人来ると一〇〇円入るとすると、漁協さんも止められなくなります」と太齋さん。経済と結びつけることで、海の多様性が持続するシステムづくりになると確信する。

こうして二〜三年をかけて漁協と折り合い、二〇〇五年にダイビングポイントをオープンし、漁協の事業として年間一二〇〇人のダイバーを受け入れるまでに成長した。しかし、そこに震災がやってきたのだ。二〇一七年現在も漁協の事業としてのダイビングは休止中だ。研究機関の調査などから海の生き物が戻ってきていることは分かったが、ダイビングの再オープンの見通しはまだ立っていない。自然が豊かなこのまちの売りをどうしていくかと考えていたところに、前述の佐藤さん（佐久）たちが登場したわけだ。

震災前からの課題意識

震災後五年ほどで、南三陸町で、どうしてこれらの大々的な仕組みづくりを立ち上げることができたのか。いくつかのポイントを見ることができる。その一つが、災害前からあった問題意識と、それを何とかしようとしてきた取り組みといえるだろう。

たとえば、林業関係者は一九七九年に「志津川町の山の会」を立ち上げた。市町村合併後に「南三陸山の会」と名称を変えたが、「南三陸の木はよいといわれるが、本当によいものか、数値的にちゃんと実証しよう」という話が持ち上がり、木の特性や山の状況の勉強会が開かれた。勉強会では一四七年生の木を伐採し、輪切りにして成長過程を追跡し成長曲線に表したり、一五〇年生の製材の破断試験、一〇〇年生・八〇年生・五〇年生、それぞれの育成年数の木における強度試験や輪内の密度試験といった試験を行ったほか、町内の高齢樹なども調査した。こういった活動の成果として、二〇一一年三月一日、全国林業経営者コンクールで優勝し、農林水産大臣賞を受賞している。まさに「さあ、祝賀会をやろうぜって言った時に震災があって、お流れになってしまいました」と語ったのは、森林組合長の佐藤久一郎さん。震災後、家業を継ぐために戻ってきた佐藤太一さんの父親だ。

町内の若い者同士でまちづくりを考える「明日の志津川を考える会（通称ＡＳＫ／アスク）」というチームも過去に立ち上がり（二〇一七年現在、休止中）、産業団体や青年団、ボランティア団体などからメンバーが集まり議論を続けた。その過程で町役場の高橋さんは、農業青年部は農業のことだけ、漁協は漁業だけと、それぞれ考えている世界があまりにも狭いことに気づいた。

「あえてお互いの産業に意見を出しあって一緒に考えるうちに、町には山里海のバランスがあり、それに培われた暮らしにさまざまな魅力があると気づかされ、町全体の魅力づくりの議論が始まりました」と高橋さんは当時を回想する。

南三陸の各セクターで起こっている復興へ向けての動きは、震災をきっかけに初めて生まれたものばかりではない。これまでの事例にもあったように、以前からの動きが「復興」を契機にさらにグリーン復興などの概念を入れて進化している。そこには、高い問題意識のほかにも、自然の脅威に対して、いなす、受け止めるといったつきあい方をしてきたこの地ならではの、気負わない柔軟な発想と人のつながりがあり、力を発揮しているように見える。

居場所をつくる

自然資本を活かした持続可能な産業へ

生活のために産業の復興は欠かせない。震災前から町にとって重要だった第一次産業は、震災以前の状態に復活させるだけではなく、新たな局面への発展を伴ったものも多い。たとえば前述のカキ養殖は、長年「よくない」と感じていたことを抜本的に改善した。町の人々に聞いたインタビューの中から、そのほかの実践の様子や発展の萌芽を詳しく見てみよう。

持続させるためのシステムの導入

ASC認証をとった戸倉地区のカキ漁では、養殖方法を変えると同時に、養殖場所の割り当ての仕組みも大幅に変更し、働きやすい仕組みにした。

「仕組みづくりのための牡蠣部会長の後藤さんの気苦労は並々ならないものだった」と漁協の阿部さんは振り返る。とにかく、とことん腹を割って話し合うことで、思いきった変革を実現させていった。

南三陸の養殖漁業にはカキやワカメ、ホタテ、ギンザケ、ホヤといった魚種がある。それまでは割り当てられた漁場で各自が養殖を営んでいたが、ＡＳＣ認証取得に伴って施設数が減ることから再配分する必要があった。そこで、養殖する種類ごとにポイント制を導入し、ワカメは二点、ホタテ・ホヤは三点、カキは四点、ギンザケは六点と点数をつけ、これらの中から手持ちの点数の範囲内で三種類を選ぶという、まったく新たなシステムを導入したのだ。持ち点は、後継者がいる漁師は六〇点。夫婦二人の経営は四六点、一人では四〇点と定めた。この点数は毎年見直し、申請した施設を本人が活用するという誓約書も提出する。これは家庭の事情が変わったり従業者が変わったりしても対応でき、不正借用がない公平なものになるよう配慮したものだ。

「漁業権は既得権で、これまで誰も変えようとしませんでした」と阿部さん（漁協）が言う通り、これは思いきった大胆な改革だった。点数のつけ方や養殖魚種の希望などが交錯し、調整役である事務局は大変な思いをすることとなった。阿部さんは、調整役の要だった後藤さんの苦労を思い測った。

「話し合いは一～二回で済むものじゃありません。部会長への集中攻撃がとにかくすごいから、ガス抜きもしてあげました」。

阿部さんも後藤さんも南三陸の生まれで、中学校の野球部時代からのつきあいがあり、お互い腹を割って話せる関係だ。リーダーシップのほかに、こうした仲間がいてくれたことも、画期的なシステムの構築に一役買ったことだろう。

「この制度にしぶしぶ参加する人もいたけれど、『とにかくみなでやろう』と突き進んだ」と阿部さんは付け加えた。

ASC認証の下地をつくった「がんばる養殖」

ASC認証の直前に、「とにかくみなで」と言える下地となる共同作業の経験もあった。二〇一二年二月から約三年間、国の「がんばる養殖復興支援事業」の助成を受け、カキ、ワカメ、ホタテの三種で、九六人が共同作業に従事したのだ。

「漁師は一人一人が個人事業主なので、他人にノウハウを教えたがらないんです。だからグループ作業するなんて絶対無理だと言われました」と阿部さんは当時を振り返る。作業すべてが〝共同〟作業となり、それまでワカメしか養殖していなかった漁師もカキやホタテの作業を手伝った。経験のない漁師たちにとっては共同作業に加え、慣れない魚種を扱うという、悩ましいものとなったのだ。

ただ、津波の被害の程度は人によってさまざまで、船が無事な人とすべてをなくした人とでは事情が異なる。後藤さん（牡蠣部会長）自身も船をなくし廃業が頭をよぎったという。そんな個々の思惑の中で、この「がんばる養殖」の支援があったおかげで廃業を思いとどまった人も多い。

「みなで助け合わなきゃどうするんだっていう思いがあったので、三年間だけだったら共同作業をやれるかもしれない」と「がんばる養殖」を後藤さんたちは受けることにした。「とはいえ五年といわれると躊躇したね」と付け加える。期限があること、そしてその長さが鍵だったことが分かる。「がんばる養殖」でみながある程度、均一に同じ作業をやる共同作業を経験したことが、過密養殖改善のためのポイント制を受け入れる下地となり、ＡＳＣ認証取得につながった。

認証を取得したことは、養殖法のみならず働き方を変え、人々によい影響を与えた。まず、ポイント制の導入でベテランばかりではなく後継者にも活躍の場をつくることができた。仕事の段取りも分からない若者とベテランを同じに扱うことに反感がなかったわけではないが、「子どもの頃からお互い知っているので、腹にためずに言い合って次の日にあっさり、というのがいいのかもね。適度に爆発しているから、大丈夫なんですよ」と後藤さんは明るい。

ＡＳＣ認証の条件である「適切な労働環境」の項目にのっとって労働時間を朝四時から一二時までと定めた。そして、休日もこれまでのような「シケが来たら休み」という天候まかせではなく日曜を定休にしたため、仕事にめりはりがつくようになった。

「漁師は朝早くから夜まで働くイメージだから、ほかの地区の漁師からは戸倉の漁師は怠けているように見られていたけれど、収獲量は上がっている」と後藤さんは語る。若者にとっては、休日の計画を立てられるため、働きやすい環境になり、後継者不足の解消にも効果があるようだ。現在、戸倉の漁業組合員では約三人に一人は後継者がいる。

外部との連携で生まれる新たな特産品

農業はどうだろうか。牛の繁殖農家の阿部博之さんは、子牛生産のほかリンゴや野菜を育てている。リンゴ栽培は、父親が三〇年前に旅先の青森で購入した苗木二〇本がきっかけで始まった。

「農家としてリンゴ生産をやるぞって意気込みはまったくなくて。そもそも果物類が三陸の海岸で育つなんて思わなかったんです。周りの人もそう思っていたんですが、三年たったくらいから実がつき始めて」、それから周囲にも少しずつ育てる農家が増えた。ただ、いずれも市場出荷するほどの生産量はなく、地域での販売が主だという。

しかし、このリンゴが震災後シードル（リンゴ酒）生産という新しいつながりを生み、仙台の奥座敷といわれる秋保《あきう》温泉に出荷するまでに広がった（写真６）。支援者からブドウ苗一〇〇本の寄付という話も出て、「将来はここで育てたブドウでワインをつくって、ここで採れたカキを食すということができたら、おしゃれじゃないですか」と阿部さんは顔をほころばせる。二〇一七年にはこれまでのシードルに「サワールージュ」という辛口のリンゴも加えられ、よりすっきりとした味わいとなった。ブドウの木も八〇〇本に拡大している。

写真６　南三陸産リンゴでつくられたシードル（川廷昌弘撮影）

震災後の新たな産業づくりとして、冬ネギよりも価格はよいが栽培が難しい夏ネギや、漢方薬となるトウキ（当帰）の栽培も始まった。阿部さんは「とにかく産業がないことには、町に人が住み続けられない」と、リスクを覚悟で換金性の高いものに挑戦する。根が漢方の材料となるトウキは、復興のために町と密接に関わる企業の一つであるアミタから提案された。同社は栽培方法から売り先開拓まで関わっている。

「変わった作物だから新しい産業になる可能性がある」（阿部さん）が、栽培は難しく、開始して四年を経ても、なかなかうまくいかなかった。しかし二〇一六年は作付け面積一反二～三畝（一二～一三アール）で、出荷量は根で一四〇～一五〇キログラム、二〇一七年にはいよいよ病院向けの製品を出荷するまでとなった。

「東日本大震災が発生した時は、たまたま職場（役場）とは違う場所にいたから、運よく生き残った」と言う元町職員の阿部忠義さんは、震災後に廃校になっていた中学校校舎をリノベーションして「ＹＥＳ工房」を立ち上げ、「オクトパス君」というキャラクターグッズをはじめ、繭細工やレーザークラフト、タコ煎餅など、さまざまな商品を制作販売している。

写真７　人気のお土産品、オクトパスが並ぶ YES 工房（岸上祐子撮影）

オクトパス君は、震災前に南三陸の名産であるタコをモチーフに考案されたもので、縦横、高さが五センチぐらいのタコの文鎮である（写真７）。タコの英語 octopus（オクトパス）とかけて「（机上に）置くと（試験に）パス」するという語呂合わせになっている。順調に売り上げを伸ばし二〇一一年の一月には二千個を販売し、「これはいける、と大量生産モードに入った時に」（阿部さん・YES工房）津波に襲われた。

それでも、笑いで社会を明るく元気にする新ビジネスを「ソーシャレ（創洒落）ビジネス」と名づけて、オクトパス君のほかにも南三陸杉を使用した「五を書く定規（合格定規）」や「スベリ帽子（防止）」、天然スレートで「ストレート絵馬」、オクトパス君柄の「オクトパンツ」など、たくさんの商品を開発している。

震災直後、被災者の居場所づくりから始まった仕事場は、被災地各所で生まれた。ボランティアの人たちが南三陸の海産物のおいしさに感激してくれる姿に後押しされ、阿部民子さんが企業支援プログラムを受けて始めた海産物の販売店「たみこの海パック」や、外部のボランティアが女性のエンパワーメントから始めたウイメンズアイなど、たくさんの地域振興事業が立ち上がり、ある面では、震災前以上に地域活動がさかんに行われるようになったと阿部さんは感じている。

自然を意識して町の誇りをつくる

地域の自然を見直し、それを町の誇りや観光に活かしていこうという動きがあったことには、多くの人が言及する。

前述した漁師によるダイビングポイント・ガイドのように、南三陸では自然を観光資源としたツーリズムもさかんで、その事業の浸透に大きな役割を果たしてきたのが、南三陸町自然環境活用センター

（旧志津川ネイチャーセンター。通称ネイチャーセンター）だった。一九九九年、館長に元筑波大学教授の横浜康継先生を迎えてから専門的な研究機能が加わり、子どもを含めた地域の人たちに自然の素晴らしさを伝えていた。

横浜先生を館長として迎えることになったきっかけは、地元の自然を見直すために一九九三年に地域の青年たちが開いた自然環境フォーラムだった。シンポジウム後の懇親会で、横浜先生が「ここは、東京の人がわざわざ一〇万円もかけてバスで来るようなところじゃないか。あんたたち、豊かなところに住んで幸せじゃないか」と発言したことだ。〝よその〟人間がよく言うことだが、地元の人にとっては、それは都会の論理でしかない。

「本当にそう思うんだったら、ここに住んだらどうですか。私たちは大歓迎ですよ」という言葉に横浜先生も反応した。そして大学を退職後、南三陸町（旧志津川町）へ移り住み、ネイチャーセンターの館長として南三陸の自然について専門的な知識を伝えることに腐心することになった。筑波大学在籍時から、学生とともに南三陸を訪れ地元と関係を構築していた背景もあって、スムーズに入ることができたのだろう。地元の人にとっては、移住者が増えることは、勇気につながることだった。

「横浜先生が連れてくる学生たちから町の自然が魅力あるものだという気づきを得たことも、町でグリーンツーリズムや民泊がさかんになった要因の一つ」と役場職員の高橋さんは語る。二〇一〇年には民泊登録が一〇〇軒となり四〇〇人の受け入れができる体制ができた。町を支える第一次産業と観光をつなぎ、観光客がやってきて町の長所を褒め滞在を喜んでくれることが、町の将来につながると高橋さんは信じている。

「農林業や水産業が経済力を持てないことが町の課題です。観光客が喜ぶ姿を見て、自分たちも喜びながら楽しく第一次産業をやれたら、後継者が育ち、自然を活かしたまちづくりも輝きを増します。そして、自然の魅力を伝えるための知識を得る場として、ネイチャーセンターがある。地元の人間にしてみれば、『海藻から地球の歴史が分かるんだって』みたいなびっくりする話が出てくるわけです」。

ネイチャーセンターには自然科学の専門家がいるだけではなく電子顕微鏡まで備えてあり、小学生や幼稚園児たちが高度な機器を使って専門家と一緒に自然について学ぶ場所となった。

自然を活かしたファンづくり――ボランティアとそれを受け入れる住民力

自然のことを知る機会は前述のネイチャーセンター以前から用意されており、それなりの歴史があった。

昭和二八年「志津川愛鳥会」が結成され子どもたちと探鳥会を開催していたが、時代とともにスポーツ少年団や学校の部活に子どもたちが時間をとられ参加者が減少したことに伴い、震災前に活動をやめていた。代わって「ふるさと学習会（旧南三陸町ふるさと学習会）」が組織され、生き物のほか、第一次産業や寺社のことまで含めて広く地域を学ぶことに取り組んでいた。

一方、ネイチャーセンターは町外の研究者にも利用され、民宿や漁師のおかみさんたちと連携してフィールドワークのアテンド役を担っていた。主婦や高齢者、カヤック関係者などがガイドとして活躍を始め、「エコツーリズムが軌道に乗ってきて、おもしろくなるかなというところで、津波が来たんです」と語るのは、子どもの頃から愛鳥会などに参加し自然が大好きだという、「南三陸ネイチャーセンター友の会」（以下、ネイチャーセンター友の会）代表の鈴木卓也さんだ。「ネイチャーセンター友の会」は、ネイチャーセンターが被災してしまったため、せめて建物などのハード面が整うまで、これまでの活動を絶やさないようにと有志が集まった会だ。当座の活動は「南三陸の自然が〝いい〟という人たちによる地元の再発見」（鈴木さん）だ。

町の自然の保全と活用に奔走する太齋さんも「この町は分水嶺に囲まれているので、川の源流がすべて町内にある。そのため陸で起きていることはすべて海に影響するという、自然の循環について話しやすい」とフィールドの魅力を強調した。

観光協会に勤める菅原きえさんも、この町は自然が魅力だと発言する。

「ここは日本全国どこにでもあるような、人口が少なく少子高齢化が進む町で、若者は高校を卒業したら進学や就職で町外へ出る若者も多いです。漁業は産業としてなくてはならないものですが、それだけでは町は成り立ちません。だからこそ、町の人や自然の資源を観光で活かすことは、震災前から考えていました」。

観光協会では「南三陸ふるさと観光講座」を開講し、ガイドを養成するとともに、協会自身も第三種旅行業を取得し、二〇〇九年に社団法人となった。体験プログラムや民泊受け入れ家庭の協力者が増えて土台ができ、いよいよこれから本格化するという時に起こった震災だった。

前述の阿部さん（農家）も、町のファンづくりの一環として、宮城県の内外からやってくるボランティアを受け入れる農作業や「花見山プロジェクト」に精を出す。このプロジェクトは、スギを切り出した後に放置され「見苦しい」と思われていた入谷《いりや》地区の通称「ばば山」に、ハナモモやサクラ、レンギョウ、ヤマボウシなどを植えて新たな名所を造ろうというものだ。ボランティアには植林や山の整備を手伝ってもらう（写真8）。

写真８　花見山でボランティアと共に活動する阿部博之さん（岸上祐子撮影）

「この町にはまだボランティアが必要なところもあるし、ボランティアさんの中には、まだこの町に関わりたい、町の復興を一緒になって見届けたいという人たちがいます。浜が一番傷ついており、ボランティアさんを必要としているのは浜の個人の作業場ですが、そうしたところは慣れやスペースの面で受入れが難しいので、うちに来てもらっています。農作業から花見山の整備までさまざまな場所で手伝ってもらっています」。こうした継続的に町に関わってもらう取り組みは、結果として町のファンの育成につながっていく。

ファンの受け皿となる民泊

町の自然のよさを活かした新たな魅力づくりを支えるに

は、その魅力にひかれてやってくる人たちの受け皿が必要だ。旅行者や町のファンを受け入れていたのが民泊だった。学校単位で何十人もがやってくるエコツアーにも対応する。

菅原さん（観光協会）は「県の中でも南三陸はかなり早い段階から、都会の子どもたちに民泊で田舎の生活を体験してもらう教育旅行を受け入れていました」と語る。よそから子どもたちがやってきて自宅に受け入れることは、地域の母親たちにとって張り合いになり、自分の子どもに「いい町だ」と誇れることにもなった。阿部さん（農業）も、民泊で受け入れる子どもたちとのつきあいを大切にし、泊めた中学生と交流を続け、結婚式に招待されたという経験を持つ。

「たった二泊でも、もう娘や孫同様です。お客さんとして受け入れるのではなく、深い話をしていると友達にも親にも言えないことでも話してくれるんです」と阿部さんはその極意を語った。

ハードに頼らない民泊の運営は、地域の人たちの人間性が存分に活かされて、地元の自然の魅力発信と結びつき、さらに町の魅力を高めることにつながっている。

民泊を介した交流には、国際的な事例もある。震災後、台湾赤十字から二二億円もの支援を受け「南三陸病院・総合ケアセンター南三陸」が建設された縁で台湾との交流が始まり、大学生のインターン受け入れも始まった。当初は言葉や風習の違いから受け入れられるかどうかと不安もあったが、ふたをあけてみると、それは杞憂に終わった。帰国の朝は、民泊の世話人の一人である町役場の高橋さんに「お互い言葉が通じないけれど、『帰りたくない』『いつまでもいろ』と抱き合って別れを惜しんでいます。人間ってすごいですね。本当に驚きます」と言わしめるほどだ。高橋さんは「住民の人たちの力を信じています。官民連携は無理強いするのではなく、お互いに目的を共有しあって自然に協力しあう関係でつながっていますね」と続ける。

町に実装する――持続可能なグリーン復興へ向けて

写真9　椿の避難路について語る工藤真弓さん（川廷昌弘撮影）

おばあさんの小さな声から生まれた避難路

地域の意見を救い上げてまちづくりに活かすために工夫を凝らす一人が、志津川町にある上山八幡宮で禰宜《ねぎ》を務め、日頃から地域に根差している工藤真弓さんだ（写真9）。南三陸町民憲章の起草者でもある。工藤さんは住民やボランティアの人たちと一緒に、志津川地区の上山公園から志津川小学校への約五〇〇メートルの道にツバキを植樹し、「椿の避難路」をつくろうとしている。この道は震災の時に三〇〇人以上が避難した道だ。

始まりは、二〇一二年五月に開催された日本造園学会まちづくり研究会の発表会だった。それまでの縁から人集めを頼まれた工藤さんは、「ただ『研究会があります』とアナウンスしただけでは参加者は集まらない」と考えた。そこで思いついたの

写真10　植樹のために育てているツバキ(岸上祐子撮影)

が、「カステラがありますから集まってください」という呼びかけだった。この地域は〝お茶っこ〟と呼ばれる、近所や友達同士が自然に気軽に集まる茶話会がある。カステラの出るお茶っこならばと、呼びかけに誘われて三〇人もの住民が集まった。発表会で出された大学生たち一〇人によるまちづくりのアイデアは「実現したらいいね」「すてきな絵を見せてくれてありがとう」と好評で、発表会に続く茶話会では昔話が飛び出したりアイデアが膨らんだりと、「密度の濃い時間だった」と工藤さんは振り返る。

この会は、工藤さんにまちづくりの大きなヒントをもたらした。

「最後に一人のおばちゃんが来て、こっそり『さっきは言えなかったけれどね、真弓ちゃん。ツバキを植えたいんだ』と言ったんです。ツバキは塩水に強くて、津波の潮で立ち枯れたスギの間でも生き残っているのを見たんだそうです。『でも、こんなおばばの言うこと誰も信じないから言わないでね』って。でも聞いちゃったもんね。さっそく京都造形芸術大学の先生に相談すると、三ヶ月後の八月にはツバキのまちづくりのアイデアの元を持ってきてくれました」。こうして、町の人が声を発するきっかけをつくり、それを無駄にしなかったことが、のべ一千人以上が参加する避難路づくりにつながった。毎秋、町内の「種拾いツアー」でツバキの種を集め、発芽までの数年間、工藤さんが禰宜を務める神社で管理し、芽が出たところで避難路や公園に植樹している（写真10）。

企業ボランティアとともに新たな価値づくり

前述のネイチャーセンター友の会は、活動の一つとして町の鳥イヌワシの生息環境保全のために、林業従事者たちとともに森林の間伐や、尾根筋の道と火防線の復活に取り組んでいる（火防線トレイルプロジェクト）。火防線とは、山火事が起こった際、その延焼を防ぐために尾根沿いの草木を刈り取った帯状の裸地のことだ（写真11）。山に裸地区画ができることで体の大きなイヌワシの餌狩場となることが期待される。ただし、山林の所有者たちの協力なしには始められないため、一気に進めるわけにはいかない。鈴木さん（ネイチャーセンター友の会）は「まず三ヶ年計画で、所有者から理解を得られたところから少しずつ」と語る。

写真11　このような非樹林帯をつくることが火事の延焼を防ぐ（川廷昌弘撮影）

木や草は一度刈っても数年するとまた生い茂るため、当面は、刈り払い作業にいそしむ。この作業には、アウトドア製品メーカーのパタゴニアも関わり、マムシやアブがいる夏を避け、主に冬に五～六回、一回あたり五～一〇人が参加し、活動を続け、二〇一七年には約六キロメートルの道となった。山のサイクルは五〇年以上と長い。ゆくゆくは火防線が自然を楽しむロングトレイルとして整備されることも、鈴木さんは期待する。火防線トレイルは、生物多様性保全、山火事防止という第一の目的はもちろん、何より地元の人にとっても楽しめる場所が増えることにつながる。

行政との対話の質を上げる

傷ついた宅地や道路の復興工事が進められ町は様変わりしているが、国道の改修工事などの計画に納得がいかないままの住民もいる。

「国の事業なので何となく反対の声を上げにくい。やってくれるというのなら、やってもらおうという感じ。そもそも、どう声を上げていいか分からないんです」と鈴木さん（ネイチャーセンター友の会）は指摘する。

町に働く場をつくり、人の居場所をつくると同時に、まちづくりに自分たちの意見を反映させようと、その仕組みづくりに工藤さん（上山八幡宮）は工夫を凝らした。造園学会の発表後つくりあげた椿の避難路のアイデアを初披露した集まりは、二〇一三年二月に開いた「椿のお茶会」だった。しかし、その時は一方的なアイデアの発表会になってしまい、集まった人たちから賛同を得られなかったという。

「はあ、それで？　という雰囲気になってしまったんです。アイデア発表の後は行政への要望を言う場に変わってしまいました」。

自分自身が住民の一人として草の根的に意見づくりの一員となることが大切だと気づいてから一年

間、工藤さんは、「昔、ツバキで何をしましたか？」と定期的にお茶会（お茶っこ）をいろいろな仮設住宅で開き、おばあさんたちから思い出話を聞いて回った。思い出があるツバキが塩害に強く役立つ植物で、それを復興につなごうという気運を地道につくりあげた。

こうして椿のお茶会で町の人たちの意見を聞くと、集会所の台所のしつらえの要望から防潮堤の話まで出てくる。とくに防潮堤に関しては、行政的な締め切りがある中で、思い出の場所がなくなってしまうような納得のいかないものができあがらないよう、「住民の意見を集めた厚みのあるもの」として届けるために奔走したと工藤さんは言う。

意見を吸い上げるために、お茶っこでは工夫を凝らした。行政関係者人が入ると参加者のおばあさんたちが緊張してしまう。意見を書き出すための付箋やペンを渡すと、おばあさんたちは小さくなってかえって意見が言えなくなってしまう。そこで、まずおばあさんたちになじみがある「たらすもづ」という郷土のおやつを出して行政関係者たちと話を弾ませ、なじませることで、話しやすく、お互いが意見を尊重しあえる関係をつくるよう、心を砕いた。また参加者には、ここで聞いた意見を町に届けていることをしっかりと伝えたという。

若者たちも自分の意見を活かすことができるようにするために、防潮堤勉強会などで発言する練習の機会をつくり、町との大切な協議会がある時にはできるだけ参加をするよう呼びかけている。その場では「意見が言いにくかったら、うなずくだけでもいい」。そして、無責任にならないよう自分がやることを前提に発言することを徹底させようとしている。

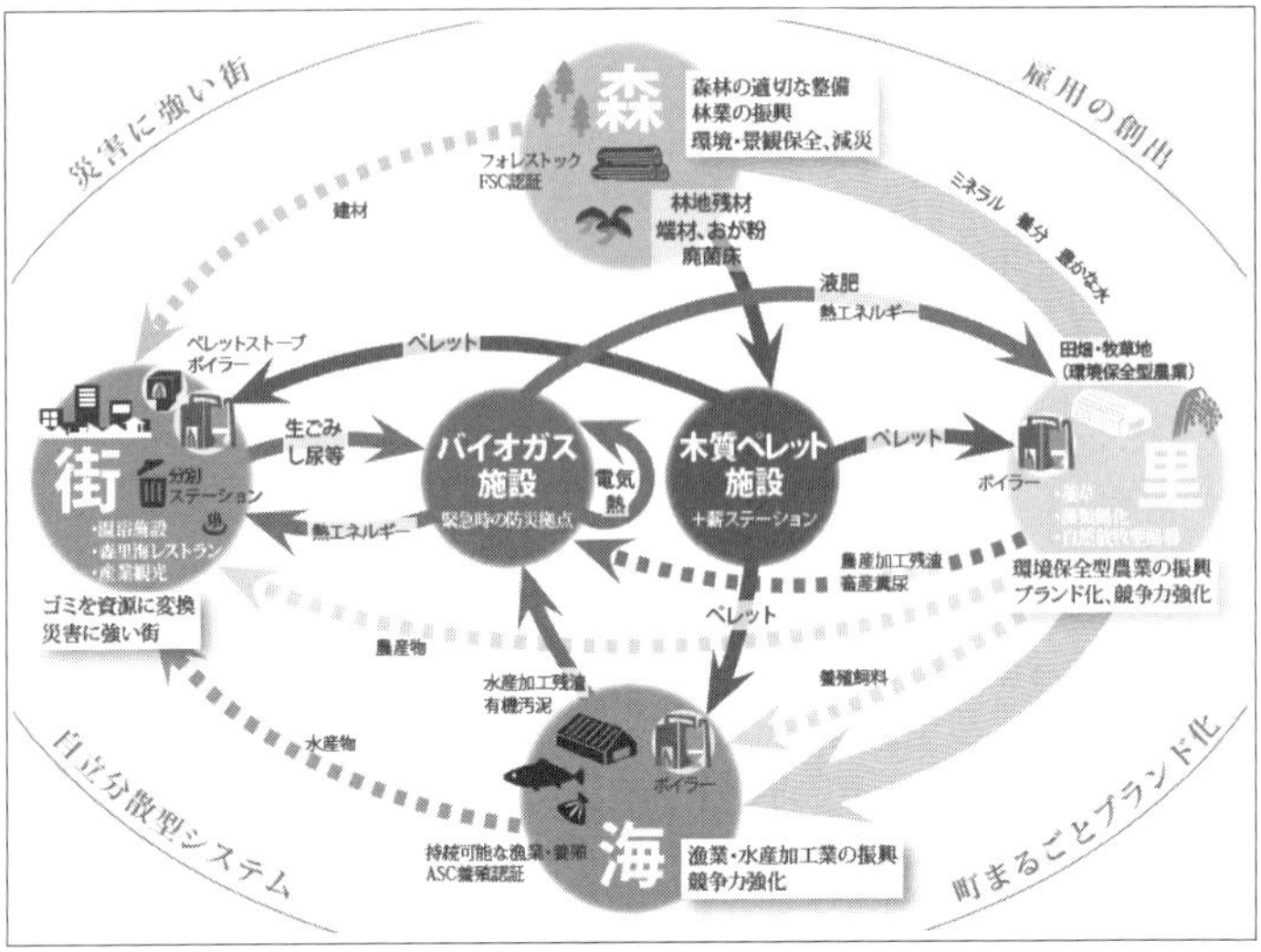

図１　南三陸町バイオマス産業都市構想のイメージ図
出典：「南三陸町バイオマス産業都市構想」。

課題についての知識を持ち、タイミングをはずさず、みなの総意として意見を出すことで、行政との対話の質を上げていくことができる。工藤さんが実践から得たことだ。

新しいまちの形——バイオマス産業都市構想

南三陸町は「創造的復興」を目指し、二〇一四年バイオマス産業都市に選定され、町内のゴミから生成されるバイオガスや森林からの木質ペレット事業に取り組み始めた（図1）。この構想のもとである地域の資源循環などの思想は町のネイチャーセンターがあってのものだった。構想には木質バイオマス利用と、バイオガス利用の二つの柱がある。木質バイオマス利用では木質ペレットストーブの導入数を増やし、利用の拡大を図る。拡大のために、前述の佐藤さん（佐久）

らは新たな会社「ＭＭＲ」を二〇一五年に立ち上げて、普及に一役かっている。

バイオガス利用については「南三陸ＢＩＯ」という処理工場を建築し、これまで気仙沼市に処分を頼んでいたゴミのうち、生ゴミを町内で処理し液肥とバイオマスガスを得る。バイオマス都市構想に関わった太齋さん（サステナビリティセンター）は「バイオガス施設でできた液肥はすべて米や野菜に使われています。今（二〇一七年八月）は、足りないくらいです。三年間は町の補助金があるため、農家さんは費用負担なく使えるということもありますが、補助金が終わっても化学肥料よりも安いので使い続けてもらえると思います」と語る。一方、バイオガスの生産量は二五〇トンほどで、施設外の利用まで至っていない。

なぜ海と山をつなぐのか

震災という甚大な災害によって、人の意識が変わった影響も大きい。震災前は家業に嫌気がさしていたとしても、震災後、町が目指すビジョンに協力し、町内でもこれまで知らなかった人同士がつながり新たなネットワークができている。

こうして、自然資源を核とした町の魅力づくり、発信、普及、町の人にとっての居場所づくり、誇りづくりと、さらなる展開を視野に入れた動きが始まっている。

もちろん、課題がないわけではない。小野寺さん（丸平木材）は「この町は絶対的に人が少なくなってしまった。震災による一時的なことではなくて、日常的な問題です。人が少ない中でどうやっていくか、頭を切り替えなくてはいけません」と発想の転換の必要性を指摘する。

一方で、震災によって、生活が自然資源に支えられていたことに視点が向かったという指摘もある。鈴木さん（ネイチャーセンター友の会）は「震災以前は、自然も大事だけど、それだけでは食っていけないし……という雰囲気でした。でも震災直後の厳しい時期ですらここでは水と燃料が何とかなったのは、豊かな自然があったからです。ここでは自然に逆らったり、自然をないがしろにしたりでは生きていけないと分かったように感じます」と語る。佐藤さん（佐久）も、震災をきっかけに目指す方向が似ている人たちと知り合えたというメリットを語った。

自然資本をもとにしたグリーン復興の神髄は、高橋さん（町役場）の言葉に見ることができる。「FSCやASC登録、さらにラムサール条約登録やジオパーク登録も考えられますが、それら自体は目的ではなく、復興後のまちづくりへのフックにすぎません。それより大事なことは、このような自然の価値を実感すると同時に、その魅力ある町での暮らしに幸せを実感できるように町を復興することです」。

南三陸の人々は、分水嶺に囲まれた地で、山から海へと続く自然の循環の大切さを身近に肌感覚で知っていた。そして震災以前から持っていた問題意識を、震災をきっかけにさらに発展させ、その解決をさぐっている最中だ。もちろんそこには、生活を支える基盤である自然の循環を断たないことが大前提としてあるはずだ。

Ⅱ　松島湾のめぐみが復興を支える

——浦戸諸島の自然に生きる

自然と伝統の継承

河田雅圭
土見大介

松島湾に浮かぶ浦戸諸島と東日本大震災

松島湾には、大小多数の島が存在し、複雑な海岸地形を呈している。これらは海水面に対して陸地が低下したために形成された沈水海岸と呼ばれている（松本 二〇〇三）。松島湾の沈水海岸には、海面から一〇メートル未満の島々が一七〇余りあり、島の直径も一〇〇メートル以下が大部分であることから、特異な景観をつくりだしている（松本 二〇〇三）。これら特異な景観が観光地としての松島の価値を高め、松島は「日本三景」の一つとして有名である。しかし、多くの観光客が訪れるのは、瑞巌寺や五大堂などがある松島町の観光スポットである。一方、松島湾の島嶼部のうち浦戸諸島四島は有人島であり、塩竈市に属している（図1）。浦戸諸島は、桂島（桂島地区・石浜地区）、野々島（野々島地区）、寒風沢島《さぶさわ》（寒風沢地区）、朴島《ほうじま》（朴島地区）の四島五地区とそれを取り囲む数十の島々からなる。その恵まれた地形と気候のため、古くから人々が移り住み、縄文時代から生活が営まれていたことを証明する貝塚も数多く残されている。また、天然の良港として古くは鎌倉時代から、塩釜港が整備される大正末期まで海上貿易の要所として栄えてきたほか、日本で初めて白菜の採種に成功した土地としても有名である。浦戸諸島では、古くからカキ・ノリの養殖や白菜の種、水田など半漁半農の生活が営まれてきた。松島の遊覧船は、浦戸諸島周辺をめぐるものもあるが、普段、島の間を行き来するには、塩竈市から発着する定期船に乗る必要がある。昭和二四（一九四九）年に塩竈市に編入された際の人口は二千人を越え、各地区に置かれた神社や祭り行事をはじめ、当時の繁栄ぶりを示す史跡が随所に残る。現在は塩釜港の整備とともに貿易の要所としての役割を終え、カキやノリの養殖や浅海漁業を主産業としている。

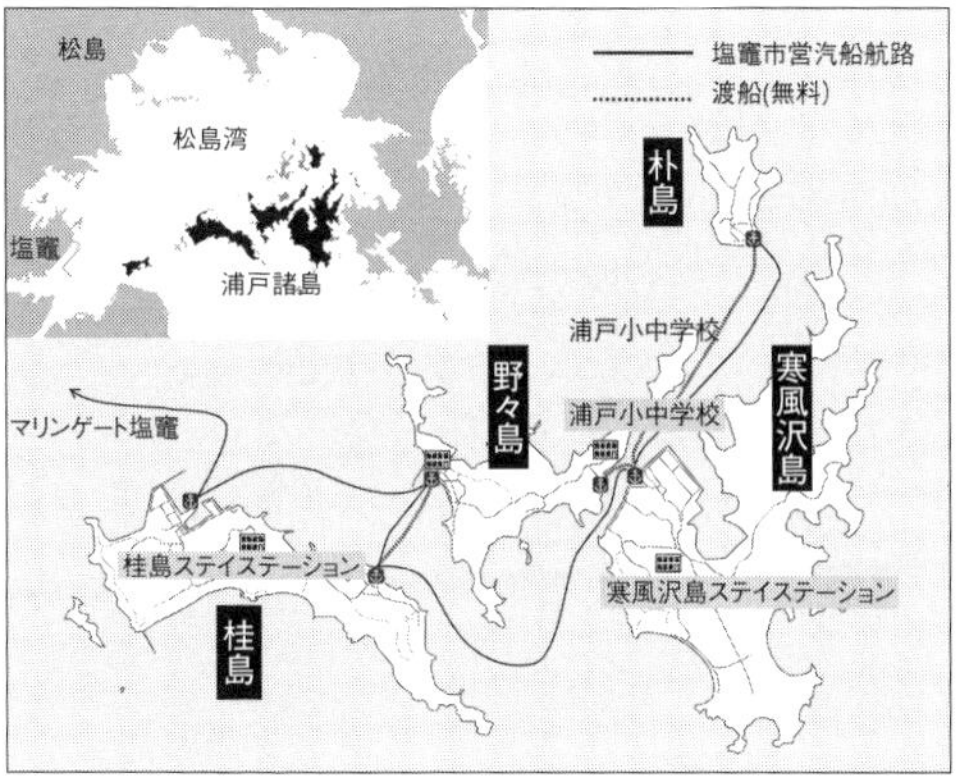

図１　浦戸諸島
注：島へは塩竈市マリンゲートからの市営汽船があり、島間では無料の渡船がある。

　浦戸諸島では、海と島の生態系がもたらす豊かな資源を利用して人々の生活が成り立ってきた一方で、伊達藩の中心地である仙台から比較的近い位置にあったことなどから、古くは対外貿易、東北の物流の拠点として栄え、経済的にも文化的にも独自の発展を遂げた。近年においても仙台から地理的に近く、また比較的豊かな漁場が維持されてきたことから、離島としての経済的な条件は比較的良好であったが、東日本大震災の前から人口減や高齢化による問題が顕在化していた。

二〇一一年三月の東日本大震災では、人的な被害は、死者二人、行方不明者一人（寒風沢島）と、奇跡的に少なかった。しかし、津波により居住地、漁船、養殖基地、農地などが大きな被害を受けた。また、人口は年々減り続け、震災直前で五八二人であった人口は二〇一六年に三六一人まで減少している。そのため、震災前から住民の島離れ・高齢化・後継者不足が課題となっていたが、震災によりその傾向が加速された。

（河田雅圭）

浦戸四島の歴史

桂島は、桂島地区・石浜地区の二地区からなり、浦戸四島で最も人口が多い島である。桂島地区は、古くから観光地としての整備が進み、明治四四（一九一一）年には海水浴場が開設、桂島ホテルが建設され、大正三（一九一四）年には年間六万人近い海水浴客で賑わっていた。現在でも年間八千人ほどの海水浴客が訪れる近隣地域有数の海水浴場である。

石浜地区は、浦戸諸島の中で最も水深が深い石浜港を有し、塩釜港が整備される大正末期まで東北の要港として栄えた地区である。明治初期、戸数わずか一七戸の漁村であった石浜地区であるが、その地形を活かし、明治三（一八七〇）年には東京の木村万平が回漕業を営み始め、次第に戸数も増加していった。木村万平の去った後には埼玉の白石廣造が海運業を経営し、ますます繁盛した。榎本武揚らが蝦夷地の静動を探るために寄港したのもこの石浜港である。現在は、白石廣造邸跡や明治三〇（一八九七）年に奨励されたラッコ漁の際に倉庫や武器庫として利用した洞穴（ボラ）が当時の面影を遺す。

また、両地区の中間地点にある旧浦戸第二小学校近辺からは、古くは縄文時代中期のものとされる土器・石器・骨器が数多く出土している。

野々島は、浦戸諸島の中心部に位置し、浦戸小中学校、浦戸諸島開発総合センターなどの施設が位置する島である。

伝承によれば、鎌倉時代に内海正左衛門がこの地に土着し、いろは船という四十数隻の大船団で諸国と通商し巨万の富を成した。内海一族は代々内海長者と呼ばれ、豪勢な生活をしていたといわれる。浦戸に伝わる昔ばなしには内海長者が数多く登場するほか、内海一族が造船所として利用した洞窟や建立した観音堂、島内各所にあるボラと呼ばれる洞穴がその名残を遺す。また現在は、ツバキやラベンダー・白菜の採種に起因する菜の花などが生い茂り、フラワーアイランドとして訪れる人々の目を楽しませている。

寒風沢は、浦戸諸島最大の面積と水深の深い良港を有することから、石浜地区とともに海上貿易の要所として繁栄した島である。

その繁栄の歴史は、一六一六年に上総国《かずさのくに》（現在の千葉県中央部）より来住した長南和泉守《ちょうなんいずみのかみ》により、現在の居住地区が埋立整備されたことに端を発する。

藩政時代には、幕府直轄地のうち山形や福島などの一部の貢米を、運河を経由してこの地のお城倉に納め、さらに大きな船に積み替えて江戸に運んでいた。そのため、御城米役人などの役人や水主、人夫など二千人余りが常住し、島内には商店、旅館、役宅などが軒を連ね大変繁盛した。そのほか、一七九三年に御城米を江戸へ運ぶ途中に漂流し一二年の歳月ののちに日本で初めて世界一周をした若宮丸の船員に寒風沢島出身者がいたことや、一八五七年に日本で初めて造艦された西洋式軍艦開成丸など、港にまつわる歴史が多くあり、島内に点在する史跡からもその繁栄ぶりを窺うことができる。

また、現在は塩竈市で唯一の水田を有する地域でもある。

朴島は、言い伝えによると昔は宝島と書かれ、仙台藩の軍用金や貴重な宝物などが隠された島ともいわれる。浦戸諸島は日本で初めて白菜の採種に成功した地であり、朴島では現在も白菜の採種事業が行われている。

（土見大介）

浦戸の自然および第一次産業

浦戸諸島では、寒冷地の植物と暖地の植物の両方が島の中で見られるため、その面積に比べて数多くの植物が生育している。宮城県が、日本全体から見ると寒冷地の植物が多いところに位置しているのに加えて、浦戸諸島は、さらに海の影響を受けることで暖かい地域の植物が生育することができ、今のような状態になっていると考えられる。また、歴史や地形などが違っているため、島ごとに生息する生物も異なっている。二〇〇五年の植生の状況では、桂島は、落葉広葉樹、混合林が多くを占める一方で、寒風沢島はアカマツ林、朴島はタブ林・混合林が優先する。震災後、津波による針葉樹、広葉樹林帯などへの影響は少なかったが、水田、畑、草地、湿地帯は植生の変化が見られた。とくに災害危険区域に指定された地区は、現在多くの瓦礫が取り除かれ空き地になっている。二〇一三年から二〇一四年の調査では、そこで多くの外来植物が確認された。

写真１　浦戸諸島海域でのカキの養殖（河田雅圭撮影）

松島湾内および沿岸の海域は、古くからカキおよび種カキの養殖、ノリの養殖のほか、アサリ・カレイ・アイナメ・シラウオ・スズキ・アナゴ・ハゼ・タラなどの漁業を支えてきた（写真1）。震災の海域環境は津波によって大きく変化したことが報告されている（松島湾の海域環境復興を考える検討会資料）。とくに藻場は震災により大幅に減少し、その回復も緩慢である。桂島は、北向きの干潟ではアマモが残っているが、南側は消失した（第二回松島湾の海域環境復興を考える検討会資料）。同様に、桂島北側の干潟の生物多様性は大きな影響を受けていないことが明らかになった（Urabe et al. 2013）が、寒風沢島南東側の干潟は大きな影響を受けた。また松島湾の水質環境は、震災前より悪化していることが指摘されている。二〇一二年には、九月上旬まで三〇度近い高温が続き、カキの大量へい死が発生した。また二〇一三年にも、海水温が高く、生育が遅れるなどの状況が発生した。他の地域のうち、高水温でもアマモ場が発達している地域では、カキの生育は影響されていないことから、アマモ場の喪失は、カキの養殖やその他の漁業に大きな影響を与えていると考えられる（三回松島湾の海域環境復興を考える検討会資料）。

これらから、津波による自然環境への影響はとくに海域で大きく、漁業に大きな影響を及ぼしていると考えられる。さらに、津波の影響のみならず、近年の温暖化や外来種による漁業への影響が大きくなっている。

浦戸諸島でのグリーン復興プロジェクト

「うみたん会議」の東北大学のメンバーは、二〇〇三年から浦戸諸島で、チョウ類の多様性調査（Yamamoto et al. 2007）や、東北大学理学部の野外実習を毎年行ってきた。そのようなつながりから、震災後の五月に桂島の避難所を訪問した。避難所で、桂島の区長さんから、できれば花や植物などを植えて島を復興させていきたいという趣旨の意見を伺った。このような背景から、東北大学、国連大学および「うみたん会議」に関係したプロジェクトの中で、浦戸諸島の支援を一つのテーマとして、浦戸諸島での「グリーン復興プロジェクト」が二〇一二年から開始された。

プロジェクトとして最初に実施したことは、支援に関わっていた若者を雇用し、住民の方々から直接話を伺い、今後どのような生活を望んでいるかなどをヒアリングすることであった。また、「浦戸諸島の将来について語り合う会」としてワークショップを行い、島のよいところ、不安なところ、理想の未来、自分ができることなどについての意見交換を行った。

島のよいところとして、自然が手つかずにあるところ、自然の恵み、自然の景観、安心して生活できる人間関係、食などがあげられた。また不安なところとして、交通の便が悪いところ、人口減少、島離れ、高齢化、介護施設がないことなどがあげられた。島の理想の未来としては、安心、若者・子どもの定住、持続的な漁業が述べられた。理想の実現のために自分ができる小さなこととしては、島に元気で住み続けることが重要であるという意見が出された。これらのことから、住民の多くは、浦戸諸島の自然や食、コミュニティはすばらしいと考えており、そこで持続的に暮らしていけることを望んでいることが明らかになった。

これらの意見を集約し、浦戸諸島に関連する支援団体（東北大、山形大、さわやか福祉財団など）と地域住民が幾度も話し合いを重ね、浦戸諸島の意見として取りまとめた。それを住民から塩竈市への「浦戸諸島振興に関する要望書」として、四島五地区の区長の連名で塩竈市長へ二〇一二年一一月に提出した。「豊かな自然環境と地域包括ケアのあるまちづくり」を復興のコンセプトとし、①豊かな自然環境の再生と復興、生活基盤の整備、②地域包括ケアのまちづくり、③雇用および産業の創出、教育の促進を三つの柱とした。

浦戸諸島振興に関する要望書

豊かな自然環境と地域包括ケアのある町づくり

《復興の3本柱》

1 豊かな自然環境の再生と復興、生活基盤の整備
  1-1 防潮堤の高さなどについての要望
  1-2 景観に配慮した環境整備の推進
  1-3 砂浜、遊歩道の整備・保全の推進
  1-4 海上交通の促進
  1-5 地域住民参画による土地利用計画の策定
  1-6 外から移住促進、人口増加策
  1-7 生活必需品などの販売店、飲食施設、集会所や居場所などの建設及び改装

2 地域包括ケアの町づくり
  2-1 浦戸諸島内での医療・介護・福祉サービスの実現
  2-2 地域包括ケア体制の推進

3 雇用および産業の創出、教育の促進
  3-1 浦戸諸島での漁業および農業復興への環境整備
  3-2 浦戸諸島の地域性を活かした産業推進
  3-3 浦戸諸島の地域性を活かした観光推進
  3-4 観光に携わる人材育成
  3-5 地域住民との交流など地域と連携した食育や環境教育の推進

この要望書は、自分たちの望む姿は何か、またそれに対して住民には何ができるのか、その上で行政に望むことは何かという形で作成した。要望書では豊かな自然環境のあるまちづくりがコンセプトとなっているが、これはグリーン復興のコンセプトをもとに我々が推進すべきものとして提案したわけではなく、あくまでも住民の意見の集約としてまとめたものである。実際に「浦戸諸島の将来について語り合う会」でも、景観や自然の恵みなど自然環境に対しての愛着と、自然から精神面および経済的な恩恵を得ているという認識が共有されていると感じられた。

塩竈市では、この「浦戸諸島に振興に関わる要望書」を受け、要望書の実現・実施に向けた、復興における島民の要望をヒアリングする浦戸諸島「復興ヒアリング調査」を、塩竈市市民総務部政策課と共同で実施した。共同ヒアリング調査を受けて、塩竈

市市民総務部政策課では、浦戸諸島における離島振興計画内に「交通網の整備」「人口増加策・産業の整備」「土地整備」を平成二五年度以降の離島振興政策として盛り込み、浦戸諸島の復興・振興に向けて実施計画が制定された。塩竈市の実施計画には、要望書の内容がすべて盛り込まれたわけではないが、多くの点が反映された。とくに要望書での提案提出後、塩竈市や我々支援団体も協力して、復興策の実施に関わることが可能になった。

ここでは、震災から七年が経過した今、とくに要望書での提案の中でグリーン復興と関係のある復興策についての現状と将来の展望について述べたい。

一般社団法人e-front設立

本プロジェクトは、さまざまな支援団体と連携し、福祉、経済、基盤整備と各カテゴリーにおいて住民と協議の上活動が実施された。さまざまな活動において、住民との連絡、協議、行政との調整、各団体間の連絡などにおいて中心的な役割を果たしているのが、本プロジェクトで雇用してきた産学連携研究員（國吉稚典）と補佐員（太田和洋）である。プロジェクトを推進するために、彼ら二人を中心に、本プロジェクト、浦戸桂島協議会のメンバー、島民を加えて、一般社団法人e-front（イーフロント）を設立した。本法人は主に、島民、支援団体、行政との連絡調整と、エコツーリズムを主とした観光、特産品加工による商品開発などの経済的な支援を行っている。一般社団法人eｆｒｏｎｔの設立により、いくつかの事業を市の委託事業として実施することが可能になった。また、本プロジェクトによる財政的な支援の終了後も浦戸諸島の復興プロジェクトが継続していくために重要な存在になった。

海産物の商品化計画

震災以降、企業・自治体・学術関係機関から構成される「うみたん会議」を軸として東北グリーン復興について意見交換を行ってきた。こうした中、東北のグリーン復興を促進する上で二〇一三年一一月に東北グリーン復興事業者パートナーシップを締結し、復興庁「新しい東北」先導モデル事業「食歩学守」プロジェクトが始動した。本プロジェクトでは、宮城県塩竈市浦戸諸島における「食歩学守」プロジェクトの現地事務局としてプロジェクトマネジメントを行った。

浦戸諸島における「食歩学守」プロジェクトでは、里島・里海である浦戸諸島の「人」「自然」「食」「歴史」を活かした復興を目指し、浦戸諸島内外の「人」の力でつくる浦戸諸島ならではの産業創造を目的とした「地域ブランド産品の開発」「観光産業の構築」に取り組むという構想のもと実施された。

従来は、カキ・ノリ産業の養殖漁業従事者者が島内の住民を雇用し、産業をつくりだしてきたが、震災により、個人事業者の負担が大きくなり、養殖業を取り巻く島内雇用が低迷した。こうしたことから、カキ・ノリの主要産業を軸とした産業の六次化により、島のお母さん方を中心とした島内雇用創出を目的とした事業を進行させた。

「地域ブランド産品の開発」は島のお母さん方による「島のおすそわけシリーズ」と題して、東京などでテスト販売を実施、浦戸諸島「食」のＰＲを行った。二〇一六年には、宮城県漁協が日本財団の支援を受け、桂島に「番屋」が完成し、宮城県漁協塩竈市浦戸支所の事務所、加工場などとして使用する。調理場では、浦戸諸島島民の有志がカキやノリ、アナゴといった松島湾の魚介類を加工し、商品化を目指した。

現在、ｅ‐ｆｒｏｎｔのメンバーが協力して、浦戸桂島のお母さん方が、牡蠣の佃煮、海苔の佃煮、焼き海苔を商品化して販売している。また、「島の母ちゃん弁当」として島の食材を用いた弁当・オードブルの販売も行っている。牡蠣ペーストなども商品化に向けて動いている。震災後数年は、「島のおすそわけシリーズ」など、東京で人気をえて、お母さん方の積極的な活動を支える形として実施されてきたが、現在は「合同会社がんばる浦戸の母ちゃん会」として会社化し、仙台・塩竈市内におけるイベントでの出展販売、および東京・名古屋の物産展などで販売を実施している。

エコツーリズム事業化計画

日本三景松島である浦戸諸島の自然や歴史といった地域性を活かした観光を推進したいという意見は、住民からも上がっていた。観光としては、「金曜ウィークエンド便」を仙台近郊などからの観光誘致に活用するということを目的とした「浦戸ウィークエンド便活用プログラム開発・実証実験プログラム」が塩竈市市民総務部政策課により提案された。そのプログラムを、本プロジェクトと連携した形で、一般社団法人ｅ－ｆｒｏｎｔに業務委託し、以下の三回の実証実験モニターツアーを実施した。また、復興庁「新しい東北」先導モデル事業「食歩学守」プロジェクトとして、浦戸諸島四島五地区島民と関係団体から構成される任意団体「浦戸エコウォーク実行委員会」を発足し、新たなハード整備に頼らず、既存資源を活かした観光開発に取り組んだ。「観光産業の構築」では、浦戸諸島の地域住民ガイドとともに既存の資源を活かした「浦戸諸島──島のおすそわけエコウォーク」モニターツアーを実施した。また「観光産業の構築」では、島内におけるプロガイド構築のための「ガイド養成講座」を浦戸諸島地域住民向けに開講し、更なるガイドの向上を目指すとともに浦戸諸島のカキ・ノリの主要産業の次につながる第三の事業として「観光産業」が浦戸諸島に根づく取り組みを実施していく。

また、「うみたん会議」に参加していた環境省が、浦戸諸島の復興に関心を示し、グリーン復興事業である三陸復興国立公園事業の一つとして、浦戸諸島でのエコツーリズム事業が実施された。本プロジェクトでは、本事業で行うエコツーリズム事業と競合しない形で連携できるよう協議し、浦戸を紹介するガイドブック作成（二〇一三年度）にあたっては、参考資料などの情報提供を行った。

現在、桂島では、数名の島民の方が、不定期で、頻度は少ないがエコツアーを実施されている。また野々島では、だんべっこ船船長会、野々島感動支援隊が形成され、だんべっこ船と呼ばれる和船での島巡りツアーとカヌーを使っての島ツーリングを実施している。

文化財保護法および市街化調整区域の解除

浦戸諸島は文化財保護法に基づく「特別名勝松島」の一部としてその景観が保全されている。文化財保護法および市街化調整区域に指定されていることから、新築・改築が一次産業従事者に限られている。このため、島外からの移住が困難な状況であり、コミュニティを支える産業などの進出も困難である。とくに震災後、空き家が減少し、新築などができないこともあり、島外への人口の流出が加速されている。また、土地の遊休利用地化が進んでいる。

文化財保護法および市街化調整区域に関しては、塩竈市都市計画課が中心となり、一部法律の緩和を目指して調整している。これは、浦戸のすべての地区を文化財保護法および市街化調整区域から外すのではなく、現在居住区が集まっている地区に限り、さらに外すかどうかはそこの住民の判断に委ねるものである。文化財保護法および市街化調整区域では、誰でも建築・改修が可能、移住者の受け入れが可能、別荘・福祉施設などの建設が可能、開発許可申請が簡易になるというメリットある反面、知人以外の人が住むようになり防犯の問題が生じるほか、土地売買事例が増えれば地価が上昇し、固定資産税などの増額可能性などのデメリットも生じる。しかしこの法緩和により、定住者増加・担い手の確保・交通船や学校などの社会基盤を維持していける可能性が生じる。これを実現するためには、法律規制を外すまとまった範囲の設定と所有者の一定以上の同意を必要とすると同時に、建てられる建築物の景観への配慮を考慮したルールづくりが必要になる。現在、市が各島での市街化調整区域の一部法律の緩和について住民からの意見を聞き、まとめている段階である。

産業の創出と担い手の確保

法律の規制緩和がなされるには、まだ時間が必要となる。そこで、桂島旧浦戸第二小学校、寒風沢旧浦戸第一小学校を改修し、「漁業・農業トライアル」を目的とした「浦戸ステイ・ステーション」が桂島と寒風沢に建設された。現在、ステイ・ステーションでは、島外から浦戸諸島で漁業の担い手を誘致し、宿泊・生活できるようになっている。これにより、島に住民票を移すことが可能になり、島民として漁業の従事が可能になり、島内人口の増加に向けた一歩となる。

現在、桂島では、地域おこし協力隊として、島での漁業の担い手となる人を募集し、二〇一八年一月現在、二人が地域おこし協力隊を修了し、ノリ養殖業者として浦戸合同会社に所属している。また、現在一名が地域おこし協力隊として研修中である。また、二〇一八年度からは、寒風沢島でも同様に、ステイ・ステーションを軸に地域おこし協力隊を開始する。

寒風沢島での農地復興と持続的農業計画

浦戸諸島、寒風沢島には、塩竈市本土も含め唯一の水田があり、古くから稲作が行われてきた。昭和五〇年代までは、五〇〜六〇ヘクタールあった水田も、震災前には数ヘクタールの作付けのみになっていた。寒風沢島は川や沼がないため、雨水頼みの天水に依存した水管理で耕作していた。二〇一一年の津波により堤防が決壊し、ほとんどの水田は被災し、海水につかった。震災後、稲作を継続する島民は少ないことから、堤防を修復せず、干潟として自然に戻す案を塩竈市水産振興課に提案したが、宮城県および塩竈市の決定で、農地堤防が復旧されることとなった。堤防は二〇一五年度に完成し、その後、土壌の搬入および除塩などが行われ、二〇一六年に約二一ヘクタールの農地が復旧した。しかし、二一ヘクタールの土地は、農地として活用することが義務づけられており、だれが、どのように農業を継続していくかが大きな問題となった。

この問題を検討するために、本プロジェクトでは、依頼を受け、寒風沢農地検討委員会を発足させた。二〇一四年六月までに四回の会議を開催している。委員会は、浦戸アイランド倶楽部と東北大、山形大、(株)三菱地所東北支店、(株)佐浦、(株)宮果、塩竈市市民総務部政策課で構成され、本プロジェクトが議論をまとめた。まとめた原案は農地復興案として塩竈市長に提出した。その中では、前浜地区および桃和田地区の約六ヘクタールを水田とすることとした。すでに二〇一二年から前浜地区および桃和田地区ではササニシキが作付けされ、収穫された米は、佐浦によって日本酒「寒風沢」として醸造・販売され、好評を得ている。とくに前浜地区では、冬水田んぼの手法で、低・無農薬で栽培した米が収穫された。残りの一五ヘクタールは畑とし、露地栽培を基本とした作物を栽培することとした。栽培する作物の決定にあたっては、寒風沢という土地にあったもの、また寒風沢の歴史や風土などから寒風沢ブランドとして付加価値のつけられる可能性のある作物、また、島からの搬出コストなどを考慮した作物であることが求められた。作物の候補として、曲がりネギ・サツマイモなどを主力とし、その他の葉物（ホウレンソウ・コマツナ・ユキナ・ハクサイなど）やダイズなどを試し、品種・労力などに関して年間を通して試験栽培を行う。また、畑栽培の専門家として、（株）いずみの里ファームからの人材援助をお願いした。二〇一四年は、試験的に、ダイズ（山形の品種）の生産を試すこととした。

自立可能な農業経営を行っていく上で、農機具・土地整備などさまざまな初期費用が必要になる。国や県などからの生産対策交付金などの助成を受けるためにも、寒風沢地区が農業振興地域として塩竈市によって指定されることが必須である。その上で、島民・農業従事者・支援者・支援団体を含めて農業生産法人を早期に設立することが求められる。しかし塩竈市は、農業振興地域の指定は困難であると判断し、それに伴い、復興した農地の土地改良やその後の農業復興に対しての助成金などを獲得することは難しいという見解となった。復旧された農地は、単に土壌が敷かれただけで、作物を栽培する土壌にするためには時間と作業が必要である。さらに、栽培や作付けに必要な、水や水路の確保はまったく考慮されていない。結局、堤防と農地のための土地は復旧したが、その後の農業振興のための予算はまったくつかないという現状となった。農地整備や初期費用のない状況で、当初の計画を実行することは困難になった。現在は、浦戸アイランド倶楽部で米づくりに携わっていた加藤信助さん（一〇二頁参照）が、タマネギ・長ネギなどを栽培し、農業で自立しようと頑張っている。また、寒風沢農地検討委員会のメンバーの一部が有志として、復旧された農地に緑肥を植え、将来の農地として維持できるように活動を計画している。

浦戸小中学校

浦戸諸島では二〇〇四年に寒風沢の浦戸第一小学校が閉校し、浦戸諸島全域が浦戸第二小学校の学区となるとともに、翌年度から特認校となり、島外からの生徒の受け入れも可能となった。また二〇〇五年に、桂島の浦戸第二小学校が野々島の浦戸中学校校舎へと移転し、浦戸第二小学校・浦戸中学校（併設）となった。平成二八年度には正式に小中一貫校として浦戸小中学校という名前になった。

特認校制度とは、入学の希望がある場合には、住所を移さずに学区外からでも通学を認める制度である。浦戸小中学校では浦戸諸島の自然の中で自然体験学習や演劇活動など独自の教育を実施し、浦戸学区外からの生徒が通っている。平成二七年度には、浦戸の学区内の生徒五人（小学校三人、中学校一人）に対し、島外の生徒は二八人（小学生一二人、中学生一四人）であった。

島内の子どもが減少していく中で、特認校制度より島外からの子どもが四〇人近く通学し（二〇一七年度）、浦戸諸島で小中学校が維持されている意義は大きい。島外の生徒は、毎日七時一五分のマリンゲート塩釜発の市営汽船に乗り、浦戸小中学校に通学している。生徒たちは、通学途中や、学校のさまざまな行事で島民とふれあい、島民も生徒を支える体制となっている。また教育活動として、アサリかきや海苔すきなどの体験、浦戸の自然についての学習、また浦戸の歴史や文化を題材にした演劇活動などを生徒に経験させることで、浦戸諸島の歴史・文化・自然を継承し、さらに、島外へ浦戸諸島の魅力を伝える役割を果たしている。

今後この特認校制度を浦戸島民の持続的な生活にどう結びつけていくかが重要になってくると思われる。

防潮堤について

宮城県の計画は、外洋側に四・三メートル、内湾側に三・三メートルの防潮堤を一律に建設するというものであった。前に述べた市への要望書の中でも、防潮堤の高さに関してはその必要性について地域住民と意見を交換する機会を設けること、防潮堤に頼るだけではなく避難の具体的な方策も含めた総合的な防災対策を実現すること、景観シミュレーションや防潮堤建設後のアクセスルートおよび海岸からの避難ルートなどの案を提示して地域住民と意見を交換し、総合的な防災対策を十分に考慮した上で、防潮堤の高さを再検討することを要望した。住民との意見交換は実際に何度も行われたが、宮城県側の高さの設定に変更はなかった。桂島の外洋側に建設される防潮堤は、海水浴場となる砂浜への考慮によって海水浴場より内陸側に設計され、ある程度景観が配慮された。しかし、問題になったのは内陸側である。桂島では、震災時に外洋から津波が押しよせ、丘を越えて逆側の内陸側湾に海水が流入したが、防潮堤の建設により外洋側から来た海水の逃げ場が失われて溜まってしまうという危惧が出された。また野々島の住民は、これまでの津波の経験から、三・三メートルの防潮堤は必要ないという主張をしてきた。

状況が変わったのは、野々島で支援を行っていた東北学院大学に島民が津波の高さのシミュレーションを依頼してからである。同大学の柳沢秀明准教授が独自にシミュレーションを行った結果、一メートルの誤差を見込んでも、津波の高さは二メートルを越えないという結果となった。この結果を東北大学の今村文彦教授が見ることとなり、防潮堤は住民の希望する二・三メートルという高さに決定した（防潮堤については第Ⅳ部も参照）。

浦戸諸島における復興の現状と将来

震災から七年が過ぎ、復興に関する行政や政府の予算が縮小されていく中で、浦戸諸島の現状を振り返ってみたい。浦戸諸島では、震災の影響を受けなかったとしても、住民の高齢化は進んでおり、将来、漁業や農業を継続していくのは困難な状況であった。震災後、我々も含め、いくつかの団体が復興を支援し、多くの復興策を塩竈市と協力して実施してきた。「自然からの恩恵によって成り立っている一次産業や観光業で将来にわたって持続的な地域として復興する」という究極の目的の達成は非常に難しく、震災後七年間でこの目的への道筋が見えたという状況ではない。島での新たな担い手の育成の取り組みが成果を出しつつあり、また、市街化調整区域など法的緩和による島での移住を可能にする取り組みなどが実施されているが、島の人口減少に歯止めをかけるほどではない。今後の大きな問題として、このまま人口減少が続くと、塩竈と浦戸諸島を結ぶ市営汽船をどう運営するかという問題もある。

これまで、住民との連絡・協議、行政との調整、各団体間の連絡などにおいて重要な役割を担い、市からいくつかの事業を委託され、島の振興の一部を担ってきた一般社団法人ｅ‐ｆｒｏｎｔであるが、二〇一七年度で解散し、そのメンバーは島を離れることになった。ｅ‐ｆｒｏｎｔが設立から五年間で実施した事業の多くは、地域に根ざす事業としていくため、地域住民とともに制作から実施までを手がけてきた。彼らのミッションが、今後島民が自主的に活動をするきっかけをつくることであれば、その目的はある程度達成されたかもしれない。これまでの事業は塩竈市が直接担当するものと島民独自で行うものに引き継がれることになる。

浦戸諸島の持続的な地域としての復興は困難な状態ではあるが、震災後行われてきたさまざまな復興策は、意義がなく、無駄であるということではない。震災後のさまざまな活動によって、島民が集い議論する機会が増え、浦戸諸島の将来について考えるきっかけが生じた。また、右記で紹介したように、いくつかの将来に向けた取り組みが市・島民・支援団体との連携で実施され、何人かの島民の中にも浦戸の将来に向けた積極的な活動が生まれたという点は重要である。震災直後、島民の中には、復興前の生活に戻るだけで十分で、積極的な地域復興活動は必要なく、静かに島で暮らしていきたいという意見もあった。しかし、将来へ向けた活動を行っている島民には、今はまだ多くの若い人が島に戻ってくるという状況ではないが、戻ってきたい、あるいは島に移住したいという若い人が現れた時に、島で生活する基盤や魅力を残しておきたいという想いがある。少なくとも、現在島に住んでいる人々が安心して最後まで暮らせる環境の維持と、何かきっかけが生じた時に新たな地域づくりに挑戦できる基盤を形成してくことが今後重要になってくると思われる。

（河田雅圭）

参考文献

松本秀明　二〇〇三「天下の奇観の謎を解く」『週刊日本遺産』四三：一二―一三頁。
Urabe, J., Suzuki, T., Nishita, T. and Makino, W. 2013. Immediate ecological impacts of the 2011 Tohoku earthquake tsunami on intertidal flat communities. *PLoS ONE* 8(5): e62779.
Yamamoto, N., Yokoyama, J. and Kawata, M. 2007. Relative resource abundance explains butterfly biodiversity in island communities. *Proceeding of National Academy of Science USA* 104: 10524-10529.

小さな試みがもたらす持続性

――インタビューから見る浦戸諸島の復興

今井麻希子

日本三景・松島の一部として位置する浦戸諸島。美しい景観で知られるこの島は、古くは交通の要所として栄え、それぞれ独自の産業・文化的発展を遂げた。しかし時代の変化とともに島の産業構造は変化し、東日本大震災の発生時には、カキやノリの養殖を主な産業とし、訪れる観光客も年間八千人余りの小さな経済圏となっていた。

就学や就労のために若い住民は島を離れ、過疎高齢化や後継者不足が深刻な問題となるこの地域に、どのような自然への眼差しがあり、「地域の未来」を描く試みがあるのか。本プロジェクトが深く関与した桂島、そして野々島の人たちへのインタビューから紐解いていく（写真1）。

浦戸諸島、その豊かな自然と暮らし

特別な土地に生まれて

塩釜港から船で約三〇分、仙台からも一時間ほどでアクセスできる浦戸諸島は景勝松島に位置する。「日本三景の特別名勝に暮らしている」。

この風景の中に生まれ育ったことは、島の人たちの誇りだ。

「島が好きで。ずっと暮らしていこうっていう思いは、小さな頃から変わってないんです」。

そう語るのは、震災後、仲間とともに、昔からこの地方の漁師が使っている小型作業船「だんべっこ船」を使ったエコツアーを仕掛けた、野々島の遠藤勝さんだ。

「小学三～四年の頃かなあ。大雪の翌日にね、ふと船から山の方を見たら、松の枝から重みで雪が落ちてきて、それが太陽できらきら光って、ほんと綺麗だったの。それを見て、俺はこっから離れられないなあって思ったの。これって、特別の人間だけが、与えられたんじゃないかかな。類い稀ないい

写真１　景勝松島を望む（河田雅圭撮影）

ところに、俺たちは生まれ住んだんじゃないかなってね」。

野々島で生まれ育った遠藤さんは、仙台市内の高校を卒業した後、塩竈市内の企業に就職した。最終便が出るのは夕方六時。放課後の部活動はできなかったが、高校へは島から通い続けた。就職してからは自家用船で通勤し、島での暮らしを貫いてきた。一九九一年に父親を海上事故で亡くしてからは、会社勤めを辞めて独立。在職中に習得した船の整備技術などを活かして、浦戸諸島の漁師を対象に機械の販売・修理などを手がける自営業を営んでいる。しかし、社会人となった三人の子どもたちは、いずれも島を離れ市内陸部で暮らしている。

「島から通う生活は厳しい。（自分と同じことをやれと）子どもたちには押し付けたくなかった」と遠藤さんは語る。

遠藤さんが不便を超えても生活の場として選んだ浦戸諸島。そこは、自然に恵まれた美しい土地だ。船で巡るとさまざまな風景を展開する変化に富んだ地形。春には大正時代から「仙台白菜」の採取用に栽培されている菜の花が美しく島を彩り、遊歩道には鮮やかな朱色をした椿のトンネルができる。浅瀬の海では高級魚のシラウオが獲れ、夏にはアナゴやウニ、アワビが、秋にはハゼやカレイが旬を迎える。冬は、この地域の漁業を支えるカキやノリの収穫がある。島々には昔から、自然を尊び、感謝を捧げる祭りがあり、古くは交通の要所として文化的にも大いに発展していたこの地域には、さまざまな民話も語り継がれている。これといった商業施設や福祉施設はない。しかし、この島で生き続けてきた高齢の住民の多くは「一生この島で暮らしたい」という思いを強く持っている。

島暮らしの「持続可能性」

しかし、これといった雇用の場もない離島での生活を維持することは、簡単なことではない。若い世代のほとんどが、就学や就労を理由に島を離れる選択をする。そして、その多くはそのまま帰らず、島の過疎高齢化は深刻な問題となっていた。このまま人口減少が進めば、島と塩釜港を結ぶ定期便もいつまで続くか分からない。

浦戸諸島の主な産業は、カキやノリの養殖漁業である。大自然を相手にする漁師の仕事はとても厳しい。浦戸諸島でも若者の「漁業離れ」が進み、担い手育成が課題だった。高齢の漁師の引退は、そのまま島の主要産業である漁業の衰退につながっていく。以前に比べ、宿泊客の数も減ってきていた。特別景観条例による規制のため、新たな建造物をつくることも容易ではない。そんな八方塞がりの状況の中、東日本大震災が起こった。島の自治の中心を担うのは七〇代から八〇代の高齢者たち。「自分たちの世代で、この島での暮らしは終わりかもしれない」と考えていた島民も少なくなかったという。震災によって島民は「復興」という言葉のもとに「島の未来」を考えることを余儀なくされたのだ。

非常時を支えた、島の自立精神

さて、こういった不便さの裏返しとして、震災によって証明されたことがある。それは、島ならではの強い団結力と自治力だ。

東日本大震災の発災直後、浦戸の島々には、塩竈市から住民救助の声がかかった。住民を塩竈本土に避難させるという計画である。そこには「支援の手が届きにくい島では、避難生活を続けることが厳しいだろう」という配慮があった。しかし、浦戸諸島の人々の反応は違った。四島のいずれもが「島に残る」という決断をしたのである。

「だって、（島を離れて）行ったら終わりだもんね」。

この時のことを、桂島区長の内海粂蔵さんはこう振り返る。もしも内陸に避難して暮らすようになったら、これまでのように自分たちで衣食住をまかない、生活を成り立たせることができなくなる。そうなると、与えられたものをただ受け取って暮らしていくしかない。島にいれば、蓄えもあり、食べ物もある。自分たちで、暮らしを支えていくことができる。それは「不便」とされる島の暮らしが培った、自給自足・支え合いで成り立つ営みだ。

「仮設住宅に入ると、（島民が）離れて暮らすことになるかもしれない。島では隣に誰がいるっつうのも分かるし、地震の時も、お年寄りをいち早く運ぼうっつうことで、津波来る前に避難させたんです。だからここ（桂島）ではひとりも犠牲者が出なかったんだね。それは、みなさんの誇りじゃないですかね」。

実際、桂島では、震災のあと、住民自らが直ちに避難所を開設し、支援が届くまでの数日間を乗り越え、ひとりの死者も出さなかった。震災当時の桂島の人口は二二〇人。住民のすべてが顔見知りの関係である。逃げ遅れた人がいないか、みなが声をかけ確認しあった。震災後、津波で八三軒中三六軒が全壊などの被害を受けた。東松島からの電気や塩釜港からの海底送水管も寸断され水の供給も止まったが、島民が町内会費で購入した発電機やガソリンなどの備えを用立てた。避難所の運営にあたっては、普段から島の行事などの際にそうしてきたように、「お母さんたち」が率先して台所に立ち、切り盛りをした。布団などの必要なものも、各自が持ち寄った。

野々島では、震災直後、家やがれきの片付けをするボランティアの受け入れも断ってきたと、野々島区長の鈴木虎男さんは振り返る。

「自分たちのことはみんなでやりましょうってやってきましたから。離れ島ですから、来てくれる人も大変だろうからって、断っていました」。

倒れたコンクリートの電柱も島民自らが片付け、自衛隊の人たちに驚かれたという。

「島は自給自足の生活の場だったわけですよね。昔は自分で食べる分だけの米をつくる田んぼを持っていたし、あるいはちょっとした空き地に野菜なんかをつくった。海のものも、自分たちの食べるものしかとらないから、結局資源として残っているし。そういうふうなことでずっとサイクルしてきた場所なんでね」。

不便さを前提にしていることから、「備え」があったこと。島から食料などを得ることができたこと。困った時は自分たちで支え合い、なんとかするという習慣があったこと。これらが、非常時を生き抜く力となっていたのである。

「浦戸語り場」がもたらした、新たな交流と復興のみちすじ

浦戸諸島の住民の声を束ねる

このようにして、非常時を生き延びた島の人たちだが、次第に島にも、多くの支援者が入るようになった。さまざまな人たちが出入りするが、いったい何が起こっているのか島民側に十分伝わっていないこともあったし、「浦戸諸島」の未来を考えるにあたり、全体的な動きを把握するための情報交換が必要だった。そこで、四島五地区の住民や、島に関わる人たちが一堂に会する場をつくろうと動いたのが、東北大学や「うみたん会議」のメンバーが、国連大学からの資金援助を受けて始めた「浦戸諸島里山里海復興プロジェクト」である。

このプロジェクトに産学連携研究員として雇用された國吉稚典さんらが中心となり、島の人たちの意見の収集や島の人たちが集う場の調整が進んだ。ちょうど、桂島区長の内海粂蔵さんと寒風沢区長の島津功さんが同級生、当時の野々島区長の鈴木虎男さんは二人の区長の先輩というつながりもあり、声をかけやすいタイミングでもあった。こうして二〇一二年八月と二〇一三年四月に、浦戸諸島の未来を考える「浦戸諸島の将来について語り合う会（浦戸語り場）」が開催されるに至った。

このこと自体が画期的なことであったと、桂島区長の内海粂蔵さんは振り返る。島民の気質はそれぞれ違い、それぞれの島の独自性が強く、島同士が連携することはほとんどない。しかし、各島から

塩竈市に対して相談ごとをもちかけると「浦戸諸島四島五区で意見をまとめて持ってくるように」と言われる。それぞれの諸島の間の交流は次第に薄まり、諸島としての意見をまとめることが困難な状況にある中、「諸島で意見をまとめる」ということが、物理的にも心理的にも難しい状況だったのだ。

それまで、それぞれの島の意思決定は、男性の年長者たちを中心とした会合で行われていた。しかし、浦戸諸島の復興を考えるにあたっては、さまざまな人たちの力が必要だ。むろん、未来につながる話なので、次世代の声も欠かせない。会合の開催にあたっては「若い人の声もいれよう」という声が上がった。参加したのは浦戸諸島の島民の一部に限定されてはいたが、若い世代や女性たちを含む「これまでにない」顔ぶれによる、島の未来を語る場が生まれた（写真2）。

写真２　若手から年長者まで大勢が集った。山形大学福島真司教授が中心となり運営した第17回浦戸桂島復興連絡協議会で（e-front撮影）

この「語り場」の運営にも、工夫が凝らされた。ことなる島の人たちが違いを超えてフラットに話し合えるための雰囲気づくりも大切だ。そこで会場はあえて、浦戸諸島ではなく、松島町に設置した。そして、外部の「ファシリテーター」を招き、浦戸諸島を眺めながら、ワークショップ方式で誰もがきさくに意見を言える場が設定された。復興支援に取り組む山形大学福島真司研究室を中心とした大学・院生たちが「聴き手」として参加したことも、話し合いに慣れていない島のお年寄りの声を聞き出す上で功を奏した。「語り場」で吸い上げられた声に加え、より多くの声を反映させようと國吉さんらが直接住民からヒアリングなどを行って集めた声は、四島五地区の区長の連名で「浦戸諸島振興に関する要望書」(六八頁参照)にまとめられ、塩竈市長・佐藤昭氏に直接提出された。その主な内容は、福祉の充実のほか、移住者の受け入れ対策や食の六次産業化、観光推進である。宮城県の離島振興計画が改正になる時期とタイミングが重なり、これらのうちいくつかの意見は塩竈市の計画に組み込まれた。

「つなぎ手」としての「コーディネータ」の存在

さて、「浦戸語り場」において、島の豊かな自然への住民の想いが確認されたが、それを活かした事業を行う上では、地域に精通し、外部資源と結びつける「コーディネータ」の存在が必要不可欠だ。しかし、島にはそれを担う余力のある人材がいない。そこで震災後、中間支援組織として諸島に入り、島民の声を塩竈市や国の施策とつなぐ「コミュニケーションの橋渡し」と「コーディネーション」を担ってきたのが一般社団法人ｅ‐ｆｒｏｎｔである。

「塩竈市長に浦戸諸島の住民の意見を提出したことがきっかけで、活動しやすい関係性ができたと感じています」と語るのは、國吉さんだ。國吉さんは二〇一三年二月、「浦戸語り場」に関わった山形大学や国連大学の有志メンバーとともにｅ‐ｆｒｏｎｔを立ち上げた。島には、島民の意見をまとめ、塩竈市とつなぐコーディネートを担う人たちが必要なのは明らかであるが、「浦戸諸島里山里海復興プロジェクト」は期限付きの事業である。國吉さんたちが一般社団法人としてｅ-ｆｒｏｎｔを立ち上げたことで、こういったコーディネート業務を継続して担っていく体制ができた。以降、ｅ-ｆｒｏｎｔは塩竈市から復興事業の委託を受け、移住者受け入れや食の六次産業化、観光推進などのさまざまな事業の企画やコーディネートに携わっている。

浦戸らしい「未来志向」とは何か

それにしても、開発を制限する法律もあるし、少子高齢化・過疎化が進む中、「活性化」といわれてもピンとこない。いったい、自分たちはどうしたらいいのだろうか。島の人たちのそんな気持ちが切り替わるヒントの一つが、第一回目の「浦戸語り場」での地域活性化に取り組むスタジオＬの西上ありさ氏の言葉にあった。それは「活性化を図らなくても、現状を維持するだけという選択肢だってある」という一言だ。

「それを聞いて、正直すごくほっとした」と、塩竈市の職員としての経験を持つ、野々島の鈴木宏明さんは振り返る。無理に「活性化」しなくてもいい。身の丈で生きていく。それならばこれまでも考えてきたし、これからもきっと続けていける。

ただ、これまでの「できることの維持」と違うことがあった。それは、震災によって、外部から訪れた人たちと交流を重ねるうちに、地域の価値を再発見できたことだった。

「自分たちは当たり前だと思って生活してきたけれど、海を見れば結構食材はあるし、金をかけないで生活できるし、治安もいい。そういう良さを、よそから来た人たちから逆に教えられたんです」。

そういった観点をいかし、島の人たちのこれまでの活動をいかしつつ、そこに新たな価値を創造する試みが誕生することになった。

復興を超えた未来に向けて

東日本大震災はこれまでの島の関係性に、新たな息吹を吹き込む契機となった。そして、「支援」「応援」という形で、外部の人たちが地域を訪れ、単なる「観光」ではない形で、中長期的に地域に関わりを持つ、いわゆる「関係人口」が生まれたのだ。そして、そのことが復興、そして地域の未来に影響を及ぼしている。

島の魅力は「人」——島民との交流体験に着目したツアー

震災後に生まれた特徴的なツアーがある。「浦戸諸島桂島観光再生プロジェクト」による「応援ツアー」である。

この企画は、震災後、浦戸諸島に通い続けた山形大学の学生有志によるものだ。その中心的役割を担ったのが、近藤瞳さんだ。近藤さんは、二〇一一年六月から学生ボランティアとして桂島に通い続けた。そして、次第に「島の魅力は人だ」と考えるようになった。

写真３　船の上で地域の人たちと交流（e-front 撮影）

「ボランティアに通っていたら、おばあちゃんが『よらいん』（よっていきなよ）ってご飯やジュース出してくれたり、『今日お昼食べたの？』と声をかけてくれたりするんです。それって都会にはない温かさだなと思いました」。

島の宝である「人の魅力」を伝えたい。そんな気持ちから、大学の授業で「桂島の観光ツアーをつくる」というテーマを選び「島民との交流」に着目したツアーを企画した。

「漁船に乗せてもらうツアーができませんかと漁師さんと交渉したり、カキの殻むきをさせてもらったりしながら、島の人たちと何度も話をしていきました」。

こうして、桂島を応援するツアーが誕生した。

開催時期は、カキやノリの収穫される一〇月から三月。ノリ工場を見学したり、カキ収穫体験や殻むきをしながら、漁師さんの話を聴く。島のお母さんたち手作りのお料理を堪能する。まさに、人とふれあうツアーだった。

島の人の顔と名前も全部覚えた。こういった活動を重ねるうちに、島民との信頼関係が構築され「桂島復興連絡協議会」にも、学生という立場から参加する機会を得ることになった。近藤さんは、大学卒業とともに、ｅ‐ｆｒｏｎｔに就職し、二〇一六年四月からは塩竈市復興支援員として桂島に暮らしながら、住民活動を支援することを選んだ（写真３）。

暮らしを伝える「エコツーリズム」の誕生

冒頭に紹介した遠藤勝さんは、震災後、野々島の魅力を伝えたいと、仲間数人と「野々島感動支援隊」を立ち上げた。そして、「浦戸諸島里山里海復興プロジェクト」を通じて視察した岩手県のさっぱ船のツアーから着想をえて、浦戸諸島の漁師が使う小型漁船「だんべっこ船」を使ったツアーを開発した。野々島は震災前から「フラワーアイランド」としても知られている。花畑での農業体験やポプリなどの手工芸体験ばかりではなく、カヌーやカヤック、島で採れたアサリなどの魚介類の味覚など、海の体験も楽しめる。松島側から大きな船で浦戸諸島を眺めるツアーはある。「だんべっこ船」を使えば、浦戸諸島の側から、大型船では体験することのできない新しい魅力を伝えることができるはず。メンバーはほとんどが漁師で、ツアーガイドなどやったことのない人たちだ。けれども、島で暮らすことで身につけてきた、島の地形や歴史、そして海や魚についての知識があった。自分たちが当たり前と思ってきたことも、よその人が聞くと、立派なエンターテインメントだ。やがて、ワカメ狩りと連動し、採れたてのワカメを食するグルメ連動企画も生まれた。自分たちができる範囲でやる。それがモットーだし、そこから得られる収入はわずかだ。それでも小遣いにはなるし、何より、島に来てもらえることが嬉しい。

「将来に道筋を残したい」と遠藤さんは言う。

「俺は頭はねぇけれど、船に人を乗せて、自然の素晴らしさを教えることならできる。俺たちはここで生かされてきた。これから結婚して子どもを育てていく人だっているから、結婚して島を離れなくったって喰っていけるんだよっていう、レールを敷いていきたいって思ったの。自分（のこと）だけ（を考えて）生きてたって、つまんねっちゃね」。

写真４　だんべっこ船ツアーで島の魅力を発見（e-front撮影）

ｅ‐ｆｒｏｎｔのコーディネートにより、ＪＴＢＦ（公益財団法人日本交通公社）と連携したツアー企画も生まれた。島に人が訪れるきっかけが生まれることは嬉しい。しかし、島民は必ずしも大きな観光産業を育てたいわけではないと、遠藤さんは語る。自分たちが楽しみながらできる、ほどよいサイズの事業がちょうどいい。それを超えると、運営の持続可能性が損なわれることになる。微妙なバランス関係をうまく維持することが課題だ（写真４）。

「食」と「体験」を求めて訪れる島に

旬の食材でつくった美味しい料理が売りだと、桂島にある「ペンション・スターボード」のオーナー、内海春雄さんは語る。

漁師の次男として生まれた春雄さんは、中学校から島を離れ、仙台の大学を卒業。その後、就職のためにいったんは東京に出たが、二〇〇八年に桂島にUターンして、カキ漁師兼ペンションのオーナーとして働いている。ペンションのオープン当初は、その当時都市部の若者たちの間で人気を博していたマリンスポーツに力を入れた。宿泊施設といえば民宿がほとんどだった島に、「ペンション」という、若い女性をターゲットにした洋風建築で新しい価値を生み出した。その後、時代の変化により、マリンスポーツ市場は縮小。震災後はサービスの提供をやめにしたが、島の魅力はやはり食にあると、その確信は揺るぎない。

二〇一四年四月からは、フェイスブックを使った情報発信を始めた。発信を担うのは、妻の美恵さん。「私たちは海を見て、季節を知るんです」。新鮮な食材や季節の祭り、島の生きものや訪れた人たち。日々の暮らしを伝えるささやかな発信が、気持ちをつなぐ便りとなっている。

島のお母さんたちの「おすそわけ」の商品化

震災後、島には新たな特産品が生まれた。カキなどの海産物を佃煮の缶詰にした「島のおすそわけシリーズ」だ。この事業は、国連大学に所属し、「里山イニシアティブプロジェクト」のメンバーとして浦戸に関わりを持った女性が浦戸を訪れ、島の美味しい海産物に触れた感動から立案。復興庁の「新しい東北」先導モデル事業に選ばれ、日本財団の助成金によって二〇一六年には、桂島に缶詰の加工施設がつくられた。

「番屋」と呼ばれるこの施設で、缶詰の製造にあたるのは、浦戸諸島の島民の有志。その中心となるのが「島のお母さん」たちだ。「こんなに美味しいものが、こんなに安く食べられるなんて！もっとたくさんの人たちに伝えないと、もったいない」という声に乗せられ、最初は半信半疑だったが、とお母さんたちは言う。しかし、東京での販売会で直接消費者と交流し「おいしい」という声を聞いたことが、励みになった。

写真５　お母さんたちが島の魅力をPR（e-front撮影）

これまで、塩釜港などで販売イベントを開催したり、島の会合や、ツアーなどの企画でお弁当を出すなどしてきた。将来を見据え、島民に一口一万円で出資を募り、数十名が出資者となる「合同会社がんばる浦戸の母ちゃん会」ができた。課題は、お母さんたちの本業である漁業との両立だ。カキの獲れる一〇月から二月までは、朝の五時から夕方四時頃まで、殻むきの作業がある。ノリのシーズンは、二四時間体制の当番制で作業にあたる必要がある。震災後は、復興関連の会合が増え、男たちの時間がとられることが増えたため、女性たちの仕事の負担も増えた。加工食品は、時間のある時に製造し冷凍保存することができることがありがたい。ただし、販促活動のための企画や調整のノウハウを身につけるのは簡単なことではなく、それにあてる時間を工面するのも難しい。製品を開発し、直接販売するという経験を持たないお母さんたちに代わり、当初はｅ‐ｆｒｏｎｔのメンバーが企画や経験を手伝ってきた。これは徐々に島のお母さんたちに引き継がれることになる（写真5）。

次世代の新たな挑戦

漁業の継承にむけて

島の基幹産業である漁業の振興の鍵は、なんといっても後継者の育成である。

「浦戸語り場」で生まれた住民の要請を受けて誕生したのが「浦戸ステイ・ステーション」だ。浦戸は、特別景観条例により、住居などの新築が難しい。震災前は、空き家を有効活用しようという「空き家バンク」の構想もあったが、震災でダメージを受けたこと、そしてこのタイミングなら公的資金がおりるという事情もあり、そのほとんどが解体された。島の継続のため、そして、島の産業を担う漁業の後継者を招き入れるためには、新しい住民を受け入れるための物理的な場をつくることが必要だ。いきなり住むことは難しくても、短期滞在をして、島での生活を考えるきっかけとなる場がつくれないか。浦戸ステイ・ステーションは、このような要望を受け、漁業に新規参入を考えている人や移住を考える人たちを受け入れる場として、桂島と寒風沢島にある廃校になった小学校の校舎を利用してつくられた。オープンは二〇一五年一二月。桂島のステイ・ステーションは、さっそく「地域おこし協力隊」として島に入った人たちの受け皿となった。

震災によって、桂島（石浜も含む）で個人でノリ養殖を営んでいた漁業者のうち二軒を除くすべてが、ノリ養殖業用資材および乾燥庫建屋を津波によって失った。これを受けて、国の助成金で大型乾燥施設二棟が建設された。当初は運営資金なども国から助成を受け、個人ノリ漁師それぞれが施設を使用していたが、助成が終了した平成二八年度からは、この施設を使っていた個人ノリ漁師一四人がノリ養殖の合同会社を設立する形で運営を引き継いでいる。元来、ノリ漁師は個人で漁業を営んでいたが、合同会社になったことで、漁業権を会社として保有し、従業員もそれを得る資格を持てるようになった。つまり、漁業に個人が参入する障壁を下げ、産業を未来に残す足がかりが生まれたのだ。

地域おこし協力隊から、浦戸合同会社に就職

震災後、地域おこし協力隊として桂島に移住し、ノリ養殖技術を身につけた後に「浦戸合同会社」で働くことを決めた若者がいる。仙台出身の荒井啓汰さんだ。親の転勤に伴い中学時代から埼玉で暮らしていた荒井さんは、高校卒業後、東京のモバイル事業者で契約社員として働いていた。便利な反面ストレスも多い都会の生活に違和感を感じ、いずれは両親の実家がある宮城県に戻りたいと考えていた折に、東京で「地域おこし協力隊」の合同説明会があることを知り、参加。故郷の宮城で、自然を相手にする漁師の仕事ができる浦戸諸島に関心を持った。さっそく「体験ツアー」に参加し、二〇一六年四月から桂島のステイ・ステーションに滞在して見習いからスタートすることを決めた。

写真６　荒井さんは島の漁業を伝える存在にもなっている（e-front 撮影）

「地域おこし協力隊を経験した人たちの多くが、期間が終了したら、その地域で引き続き生活するためにカフェを開くなど、独立することが多いと聞きます。でも自分は、協力隊として学んだことをそのまま活かして働き続けたいと思っていました。はじめからここに暮らそうと決めていたので、ノリ養殖で働き続けたいと思っていたんです」。

冬の凍える寒さの海での漁や、収穫後の漁場の整備の作業は厳しい。しかし、自分の獲ったノリを、家族や知り合いに食べてもらうと「おいしい」と喜ばれることが、やりがいにつながっている。「将来は、家族を構え、島で暮らし続けたい」と荒井さんは笑顔で語る（写真６）。

世代交代の潮目にカキ養殖に挑む新人

野々島では、島に新たな雇用をつくりたいという想いからカキ養殖に挑戦する若者もいる。鈴木啓さん兄弟だ。野々島出身の啓さんは、弟が「カキをやりたい」と言ったことをきっかけに、当時暮らしていた塩竈市街地から野々島に戻り、父親が持っていた漁業権を譲り受けて養殖業を始めた。

しかし、ようやく準備ができた矢先に震災が起こった。被害が小さかった人から設備を借りて再出発したが、震災後の最初の年は震災の影響で不作。翌年は、海水温の上昇により松島湾のカキが全滅し、収入が途絶えた。さらにその翌年は注文した竹の棚が害虫被害で手に入らなかった。竹業者の高齢化も進み、十分な供給を得ることも難しい状況になっていた。

このように、漁師になるには設備投資が必要でリスクは大きい。また漁業権は島の住民にならなくては得ることができない。そういった課題を乗り越えるためには、新しい仕組みが必要だ。そこで啓さんは、野々島に会社をつくり、漁師になりたい人を社員として迎え入れることのできる体制を用意したいと考えている。

「これまでやってきた高齢の人たちが辞める時期を迎えています。新しい考えを持った若い人たちが入るなら、これからがチャンスだと思うんです」。

後継者不足という課題も、視点を変えれば可能性としてとらえられる。従業員として雇用し、育成して、自立の意志があれば支援する。そうすることで、島の漁業を継承していきたい。啓さんは、世代交代の潮目を機会ととらえ、新たな道筋をつくろうと奮闘している。

浦戸諸島ならではの「農」の暮らしを目指す

困難だという周りの声を押しのけ、農業への挑戦を始めた若者もいる。寒風沢島出身の父を持つ加

写真７　寒風沢島ならではの農業に希望を託す

藤信助さんだ。加藤さんは両親の代から寒風沢を離れ、仙台市や塩竈市で子ども時代を過ごし、高校卒業後に仙台の清掃会社に就職。ハウスダストのアレルギー症状が酷くなり、八丈島（東京）でアルバイトの仕事を見つけた。やがて仙台に戻り電子機器関連の会社で働き始めた矢先に、震災が起こった。震災で、加藤さんは食料の重要性を痛感した。そして、八丈島での体験から、島ならではの時間の流れも恋しく思っていた。故郷のために力になりたい。父の故郷・寒風沢島で農業ができないかと考えた加藤さんは、当時浦戸諸島で自然農を推進しているＮＰＯ法人浦戸アイランド倶楽部に就職し、稲作を学んだ。

けれども個人で農業を始めるとなると、状況は厳しかった。農業振興地域ではないので、農業系の貸付は断られた。農協や普及センターなど公的機関に支援を求めると、「採算が合わないだろう」という回答だった。しかし、加藤さんは「塩竈には農家がいないからこそ、チャンスがある」と考えた。東北では生で食べられることの少ない「イチジク」や、ミネラル豊富な天然の塩味のトマトなど、浦戸の独特の気候にあった珍しい作物が売りになるのではないか。森のキャビアといわれるフィンガーライムという植物にも関心がある。誰もやらないからこそ、付加価値をつけられる。農業は年をとっても続けていけるし、現金収入がそんなに多くなくても、島では十分に暮らしていける。

「小規模個人農業者がよくやるネット販売もできるだけ取り入れないで、究極的には、島でしか買えないものを求めて人が訪れる場所にしたい」と意欲的だ。

そんな加藤さんは、この島の閉鎖性をむしろ「魅力」ととらえている。

「世の中には、自分のように、人とあんまり関わりを持たずに静かに暮らしたいという人も結構いると思うんです。そういう人たちが移住して、仕事する。島は光通信がきていないのでネット系のノマドワーカーは難しいかもしれないけれど、物書きとか芸術家のような、引きこもって仕事する人が自分のことに専念するような場にしていけたらなって思っています」（写真7）。

島を離れた「出身者」たちの力

島出身者もまた、故郷の復興や地域活性化を担う重要な存在だと、同じく寒風沢島出身の父親を持つ、塩竈市議会議員を務める土見大介さんは語る。

「今の僕たちの世代、この塩竈で生きている人たちって、まだ『地元寂れたな』くらいにしか思っていないと思うんです。ただ、その人たちが外に出て、戻ってきた時ひょっとしたらなくなっている可能性だってある」。

そういう気持ちを味わってほしくないなというところから、「地元で頑張っている人たちをとにかく応援したい、その人たちの困っている部分に入り込んで、僕らができることを見つけていきたい」と、地域活動を続けている。土見さん自身、震災によって寒風沢にあった祖父の実家を失った経験から、帰る場所を失うことの寂しさを痛感した。自分は島を離れたけれど、島の復興を応援したい、島の未来を応援したいと考えている出身者は多く「浦戸まごの会」をつくろうという構想もあるという。

これからの、島と、人と

二〇一三年二月の設立以来、浦戸諸島の地域振興・復興に向けて活動してきた一般社団法人ｅ－ｆｒｏｎｔは、地域のさまざまなステークホルダーをつなぐ中間支援の役割を担いながら、移住促進事業・観光事業・食六次化事業の三本の事業をベースに活動を進めてきた。国が定めた復興需要期間の終わる二〇一八年三月をもって、団体としての活動を終了したが、活動を続ける上で、設立から五年間で実施した事業の多くは、「地域に根ざす事業」としていくため、地域住民とともに制作から実施までを仕掛けてきた。各種の復興関連事業予算はいずれ終わりがくる。島の人たちが独自で予算を確保し、活動を継続する基盤をつくることが大切だと考えてきた。

塩竈市市民総務部政策課と共同で二〇一五年から進めてきた移住促進事業を通じて桂島・寒風沢区に計五名の移住者が定住した（二〇一八年三月現在）。今後は地域おこし協力隊を統括する塩竈市と地域が連携し、移住促進事業を推進する見込みである。

地域産品の六次化事業では、復興庁「新しい東北」先導モデル事業「食歩学守」プロジェクト、宮城県助成「みやぎ地域復興助成」事業の実施から、地域住民と共同し地域の新たな商品の開発が生まれ、「合同会社がんばる浦戸の母ちゃん会」の設立にもつながった。商品開発のペースも進み、当初は一つだった商品も、現在は六種類の加工品の販売とお弁当、オードブルの販売をするまでに拡大し、塩竈・仙台市内のイベントや関東近郊のイベントに出店するまでに事業規模を少しづつ拡張してきた。

企画やコーディネートを手がけてきた観光の分野では、塩竈市の観光交流課が浦戸の観光振興に力を入れ始めた。國吉さんは、これまでの活動を振り返り、一つの事例を紹介してくれた。

「東北大学と国連大学サステイナビリティ高等研究所の事業が終了した後に新たな『浦戸諸島里山里海プロジェクト』をスタートし、浦戸諸島の里山を活用した事業を実施しました。桂島の松崎神社の遊歩道下の私有地を借りて、この三年間、子ども向けの体験農園の運営をしてきました。ツアーベースで島を訪れてもらって、農園活動をするというプログラムです。島の人たちと相談して、ジャガイモや赤タマネギ、ソラマメなどを栽培してきました。今年度で事業は終わるのですが、土地を所有する方が、土もよくなったし、自分もやりたいと言ってくださって、農地として活用され続けることが決まっています。そこは今、島の人たちが集う場所にもなっていて、島の農園のような場所になっていったらいいなと感じているんです」。

お金がなくなったらさよなら、ではなく、島の人たちの知恵を借りて、教えていただきながら、地域にあったものをつくっていく。そして人の「集う場」が生まれる。

「どれも地域への負担がゼロで進む事業ではないが、地域を維持していくため、地域住民の協力が大きな力となり、そして『他人事』から『自分事』へと意識が大きく変化するきっかけをつくることが、我々のミッションであったのではないか」と國吉さんは振り返る。

浦戸諸島の未来へ

このようにさまざまな活動が生まれているが、人口減少を食い止めるほどの力とまではまだ及んでいないのが現実だ。建築の制限や、交通の不便さ、医療福祉など課題は多く、定期便の将来の運行状況も心配されている。自治の面でも、震災直後の「語り場」のように、島民が一同に介し、その声を行政に届ける機運は次第に薄れている。高齢者の引退によって、これから島の暮らしがどう変わっていくのか、未知数のところも多い。島の人たちの誇りである自然の恵みと、それを活かした、身の丈の生活。それが、この島に暮らす人たちに共有された価値観であるように思う。そして、そこに外部から関わる人たちや、島の未来を担う次世代の視点が加わることで、小規模ながらも、新たな息吹が生まれ始めている。浦戸諸島の暮らしと、その息遣いの伝わる活動が続いていくことが、この地域の未来へとつながる道といえそうだ。

Ⅲ　グリーン復興の可能性を探る

生態系の活かし方

中静　透
河田雅圭
今井麻希子
岸上祐子

「うみたん会議」では、南三陸や浦戸のほかにも、さまざまな地域でグリーン復興の考え方に近い方向で、復興を目指された方々のお話を伺い、それぞれに努力されていることを知った。ここに紹介するのはその一部にすぎないが、それぞれに地域の自然に対する思いや、伝承や伝統といった長い時間を経て持続的に培われてきたものをベースに復興を考えるという点で共通している。

震災前から伝統的な水田耕法の利点を主張して実践してこられた「ふゆみずたんぼ」の活動は、災害時にも大きなレジリエンスを持つことを示した。津波のあとの水田や干潟などの回復は、もともとの環境が復活すれば比較的早いことが、モニタリングでも確かめられている。近代の大規模で機械化を前提とした耕作は短期的には収穫も高められるし、労働生産性も高いといえるが、石油エネルギーに頼ったやり方であると同時に災害時にはもろく、その復活には仙台平野などでも四年もかかっている。こうしたやり方ではなく、伝統的な耕作のレジリエンスを考えたい。

気仙沼市元吉町前浜（宮城県）の「椿の森」プロジェクトや、名取市（宮城県）の「ゆりりん」では、地域の人々が昔から持っていた海岸の森を復活させる活動が紹介されている。「椿の森」では、かつて存在した森と海とのつながりを伝承するシンボルとしてツバキが使われ、そのことがかつての生態系の豊かさの再認識をもたらすと同時に、さらに遠い山と海とのつながりを生むことに発展している。「ゆりりん」でも、昔から享受してきた海岸林の生態系を復活させることが復興に向けた地域のつながりを強めることになっているだけでなく、歴史をさかのぼっての交流に発展している。一方で、海岸林の再生は行政でも行われているが、ここでは飛砂防止や防潮という生態系サービスと、生物多様性の保全との葛藤がある。

金華山島（石巻市）での「宝島プロジェクト」では、クライミングというスポーツを通じて、信仰の島としての金華山だけでなく、新しい姿の金華山像をつくろうとしている。かつて、個人的にしか知られていなかった「宝」の存在が、いまや国際的にも知られるようになり、そのことが新たな復興の姿を形づくりつつある。

これらの例では、ローカルではあるものの、震災前に日本の社会が進んできた化石燃料に依存して短期的効率を求める方向とは異なる方向を目指した復興といえる。

伝統農法が復興を速める
――「ふゆみずたんぼ」が示した生物多様性の力

岩渕成紀
岩渕　翼

東日本大震災では、多くの水田が津波による被害を受けた。ここでは震災前から伝統的な「ふゆみずたんぼ」に取り組んできた「ＮＰＯ法人田んぼ」による田んぼの復興活動を通して、生態系を活かした農法が、自然災害からのグリーン復興をもたらす意義を検証する。

生物文化多様性と津波からの田んぼの復興

文化の多様性が豊かな地域は、往々にして高い生物多様性が存在する。生物多様性と文化の多様性の収斂は、いわゆる「多様性ホットスポット」のみに存在するものではない。

「うみたん会議」では、当たり前の生態系が持つ復元システムの中にこそ、生物多様性の持つレジリエンス性の本質があると考え、活動してきた。

一方、「田んぼの生きもの全種リスト」（桐谷編 二〇一〇）が示すように、農村の原風景の中にある田んぼには五六六八種もの動植物が生育・生息し、それが水田農業の持続可能な発展に強く関わっていることが分かってきている。

もともと水田農業は、化石エネルギーを使わずに、土と水と生物多様性の力によって成立する稀有な産業であった。そのため、被災水田の復興には、化学物質や、物理的な復興のための大工事に頼らず、水と土と生物の持つ力を使った生態系の復元システムを活かす方法があるはずだ。歴史に裏付けられた知恵である「ふゆみずたんぼ」による田んぼ復興を試み、「水田の生産性回復と生物文化多様性向上の両立を同時に図る」取り組みを行った。

「ふゆみずたんぼ」とは何か

「ふゆみずたんぼ」は、古くて新しい農業技術だ。江戸時代の会津農書（貞享元年、一六八四年）の中に「田冬水」という記載が残っている。地力《ちりょく》のない極端な乾田であっても、有機成分の豊かな水を冬の間に補うという「流水客土《りゅうすいきゃくど》」の考えに基づいて、会津地方の佐瀬与次右衛門《させよじえもん》が試みた当時の農業技術だ。文中に「山田、里山ともにどの田へも水をかけるとよい。どんな川にも水路にも川泥が混じっているからである」（現代文訳）とある。冬の間に有機成分の多い水をかけると、菌類、イトミミズ類、ユスリカ類などの土の中の生き物たちが活性化し、地力が養われ、その結果生産性が高まるということを当時、会津の肝入《きもいり》であった佐瀬翁は知っていたのだ。

最近になってこれが「ふゆみずたんぼ」として再評価されるのは、二〇〇三年、農水省の田園自然環境保全・再生事業で、宮城県田尻町伸萠の一〇軒の農家が二〇ヘクタールの水田で始めたのがきっかけだった。

日本の近代稲作の歴史を紐解けば、一九六〇年頃から、緑の革命を背景に米づくりの効率化が進められ、田んぼにはたくさんの農薬や化学肥料が使われ、用水路の急激なコンクリート化などの効率重視の土地改良事業が進められた。その結果として、それまでの田んぼの姿とは大きく変わり、田んぼに依存していた多くの動植物が消え、メダカまでもが絶滅に瀕してしまった。同時に、土壌微生物の多様性の低下により、田んぼの土がやせてしまい、肥料を大量に投入しなければ作物がうまく育たなくなってしまった。

近年、環境問題や地域振興などの視点から、改めて、かつての田んぼが持っている「秘めた力」の大切さが見直されるようになった。その一つの例が「ふゆみずたんぼ」なのである。

これまでの行き過ぎた乾田化に対し、湿地としての良さをそのまま残して管理することで、環境への負荷が少なく、農薬と肥料の投入を抑えることができ、持続可能で、生物の多様性を維持することができる方法として再評価されたのである。

「ふゆみずたんぼ」の利点

「ふゆみずたんぼ」の農業生産面での利点は大きく分けると二つある。

一つが「土づくり」だ。秋から冬、春にかけて繁殖する低温菌、イトミミズ、ユスリカの働きによって、田んぼの表層にトロトロ層と呼ばれる豊かな層がつくられる。休息や採食に訪れる渡り鳥（雁鴨類）の糞にはリン酸や窒素が多く含まれ、水田の微生物の繁殖に効果があり、作物の肥料となる。

もう一つが「雑草を抑える効果」だ。苗移植前の少なくとも一ヶ月前に水を張り、その後、水深一〇センチ以上の深水管理を行い、トロトロ層がある程度の厚さで形成されることで、コナギやヒエなどの雑草を抑えることができる。これにより農薬を減らし、生産にかかるコストを下げることもできる。これまで篤農家《とくのうか》の間には、田植え前までにトロトロ層を三センチ以上つくることができれば、抑草が可能だということが口伝《くでん》によって継承されてきた。有機栽培で、田んぼの草を抑えるためには、田植え前の水の調節がたいへんに重要なのである。

また、白鳥類や、雁類、鴨類の一部などの鳥類は、根や茎が地下の深い位置にある雑草を抑制する。冬の越冬期間に、クログワイやマコモなどの田んぼの雑草の根茎や根などを直接掘って根こそぎ食べ尽くしてくれるからだ。

この技術は、鹿児島県の出水市のマナヅルやナベヅル、豊岡市（兵庫県）のコウノトリや、佐渡市（新潟県）のトキの野生復帰プロジェクトで活用されており、全国的にも温故知新の知恵の一つとして、江戸時代から現代まで連綿と受け継がれてきたのである。

「ふゆみずたんぼ」と田んぼの復興

「ふゆみずたんぼ」が塩害に強いことは、海外でもよく知られていた。スペインの地中海沿岸のデルタ地帯は、歴史的に「塩害」に悩まされていた地域でもあり、近代化による過度の乾田化により、「塩害」がさらに加速した地域でもあった。農薬や化学肥料の使い過ぎ、超乾田化による毛細管現象によって、地下の塩類が土の表層に現れる「塩害」が急激に進み、作物が育たなくなったのだ。

その対策として注目されたのが「ふゆみずたんぼ」であった。例えばエブロデルタでは、二〇〇〇年頃から全地域に再導入され、今ではこの地域の田んぼの面積全体の九九％以上にあたる二万四千ヘクタールが「ふゆみずたんぼ」に変わった。

これは、日本で「ふゆみずたんぼ」が再評価され、田尻に導入が始まる時期と重なっており、さらにはアメリカサクラメントバレーでの導入時期とも一致している。私たちは、その同時性に驚かされたものだ。

私たちはこの塩害除去方法を被災地の田んぼの復興に応用した。そのためにコンソーシアム活動として立ち上げた「海と田んぼからのグリーン復興宣言」に従い、以下のステップで被災地の田んぼの復興を試みた。

①　震災後一ヶ月以内に、気仙沼大谷でのパイロットプロジェクトを立ち上げ、市民ボランテイアの力で、人工物や障害物を撤去する。

②　宮城県北部、岩手県南部を中心に五ヶ所を目標に対象農家（水田）を選定し、土壌調査、生物多様性調査の重要性を伝える講習会を行い、「ふゆみずたんぼ」を活かした田んぼの復興の意義を伝え、実践的な復興活動を各地で展開する。

③　関係する各コンソーシアム団体のニュースレター、ウェブサイトや、ソーシャルメディアを通じてボランティアを呼びかけ、復興活動の実践と、情報公開、広報活動を同時に行う。

④　市民参加による人工物、有害物質の除去を組織的に行う。その際、土の構造を守り、表層ならびに作土層《さくどそう》の生物多様性を守るために、土に負担を大きく及ぼす重機を使わず、手作業または、軽量の管理機を使って作業を進めることを基本とする。

⑤　水と生態系のレジリエンスを活用した復元方法による塩分除去を行う。具体的には、生物文化多様性の高い歴史的な方法の一つである「ふゆみずたんぼ」技術を各地に導入する。

⑥　東北大学大学院生命科学研究科とＮＰＯ法人田んぼの共同による被災水田の生物多様性の継続的な調査を、市民参加型モニタリング調査活動を通して行い、生物相の回復過程を科学的・客観的に解明し、詳細に記録して後世に残す。

以下では、私たちが具体的・科学的にデータを積み重ねて証明した生態系による復元効果を紹介しよう。

「ふゆみずたんぼ」の抑塩効果

気仙沼市大谷の田んぼは、それまで大谷小学校が、「ふゆみずたんぼ」として震災前に三年間にわたって作付けしていた田んぼである。当時、大谷小学校五年生のF君の「被災後であっても、『ふゆみずたんぼ』の活動を後輩たちに続けてほしい」という願いから、この地域の環境教育コーディネーターであったO氏と大谷小中学校の先生たちとで、「ふゆみずたんぼ」の復興を共同で行うことにした。

被災一ヶ月半後の二〇一一年四月二六日の調査では、肥料塩類の指標となる電気伝導度は、一〇〇mS／cmを越え、稲が育たない値を示した。しかしその後、瓦礫を回収し、天然水が流れる水路を整備し、五月九日から水を入れ始めた結果、わずか一週間後の五月一六日の土壌調査では、作土層全体の塩分濃度は〇・〇〇五～〇・〇一五％まで下がり、内陸部の田んぼと変わりないまでに回復した。私たちは、「その塩分除去能力の高さ」に驚かされた。大掛かりな土壌の入れ替えをしなくとも生物と水の力により、条件さえ揃えば、抑塩は十分可能であることが証明されたのである。

2010 年 5 月、津波前年の田植え前

2010 年 10 月、津波前年の稲刈り前

2011 年 4 月 28 日、津波被災後（復元前）

2011 年 8 月 25 日、復元後の田んぼ

写真 1　気仙沼市大谷の「ふゆみずたんぼ」による田んぼの復興（NPO 法人田んぼ撮影）

津波の後の田んぼの土は、豊かになる

東北の海岸地域には、「津波の後の田んぼの土は、豊かになる」という言い伝えがあった。そのことを証明するかのように、元中央農業研究所の横山和成先生とＮＰＯ法人田んぼ、ＮＰＯ法人オリザネットの共同調査によって、津波が運んできた土の層では、土壌微生物多様性活性値が全体的に高く、作土層の下層の津波の影響のなかったところでは、微生物活性値がかなり低くなっていたことが明らかになった。つまり、津波が海から巻き上げた土は、栄養分が豊富で、微生物多様性活性度が高かったのである。このことは、四大文明の発祥の地の一つである黄河などの平野部の土壌が洪水という災害によって、肥沃な大地に保たれていた仕組みとよく似ている。

私たちは大谷中学校の屋上から、田んぼの写真を継続的に撮影し、田んぼの復興の一部始終を記録映像として残すことができた。最終的にこの年の収穫量を計算したところ、津波以前に比較して約一・五倍増加したことも分かり、津波の運んだ土壌の豊かさが直接的な生産量という形で証明された（写真1）。

気仙沼市大谷の津波を被った田んぼの水棲昆虫相の回復

気仙沼市大谷の水田で塩分濃度が下がった後、被災前から湧き水や、小川の水を使っていたこともあり、水路の水が確保されることで、迅速に水生生物の多様性が回復した。

五月一六日の調査では、二五種の動物が回復し、そのうち水棲昆虫類は八種であった。その後、六月二一日の調査では、マルタニシなどの淡水性の貝類のほか、コミズムシ、アキアカネのヤゴなど水棲昆虫一三種が戻ってきた。さらに、六月二九日の調査では、全体で六六種、そのうち水棲昆虫は三八種にのぼった。私たちは、この時点で、生態系の豊かな内陸部の田んぼと比較しても遜色のない生物多様性のレベルに達したことを認識した。

飛翔可能な水棲昆虫、カエル類、トンボなどは、近くの居久根《いぐね》（屋敷林のこと。宮城県仙台市から岩手県胆沢地域で呼ばれる独特の歴史的景観）や、小高い山などに避難していたと考えられる。居久根などの農村の風致《ふうち》の多様性が、生き物たちの津波の避難場所になっていたことに気づかされた。

被災して六年後の「ふゆみずたんぼ」の現在

これまで、長年にわたって培ってきた「ふゆみずたんぼ」の技術を、震災の復興のために活かすべく、田んぼの復興を試みてきた。私たちは、今だからこそ津波被災地の生物文化多様性向上のための技術と知識、経験を世界各地に広め、日本が災害復興の分野でリーダーシップを取ることが可能だと考えている。

被災後、「ふゆみずたんぼ」は、健全な水田として維持、発展しているものもあれば、水田農業自体が継続できなくなってしまったところもある。

東日本大震災で大きな被害を受けた地域の一つである陸前高田市（岩手県）に金野誠一氏の田んぼがある。震災後「ふゆみずたんぼ」によって復興したその田んぼは、生物多様性が豊かに保たれ、健全な湿地環境へと発展している。以下に、金野氏から届いた近況を抜粋して紹介する。

（前略）岩渕さんが竹ほうきで除草された田んぼは、その後も手作りで続けています。昨年から、ほんの少しですが、田んぼに直播（じかまき）して苗代をつくり、前日『苗取り（なえどり）』をして、翌日手植えをしています。手作りを、続く限りやってみたいと思っています。二十数年ぶりに『ふゆみずたんぼ』周辺に復活したホタルの数が、震災翌年の三匹から、昨年（平成二八年）には二〇〇匹以上にも増えまし

た。うれしいですね。今年も楽しみです。（後略）

石巻市渡波の「ふゆみずたんぼ」による復興も、NPO法人神戸国際支援機構の支援で今でもその活動が続けられている。岩本義雄理事長の熱い思い入れもあり、その復興支援活動は、震災直後である二〇一一年五月から二〇一七年二月までの六年間に七二回を超え、同じく一九九五年に発生した阪神・淡路大震災を経験した神戸市民を中心として、都会に住む人々と東日本大震災の被災地域をつなぐ復興の仕組みがつくられ、大きな成果をあげている。

なお、南三陸の手作業で復興した被災水田も本来の田んぼとしての機能が回復し、現在も稲作が継続して行われている。

一方、浦戸諸島の寒風沢島の水田は、被災後から「ふゆみずたんぼ」による抑塩、被災前から休耕田であった水田の復元、稲作の復興活動を行ってきた。しかし、この地域は、もともと農業を営む住民が急激に減少していく状況の中での活動であった（六〇頁からの「自然と伝統の継承」参照）。二〇一七年現在、ごく一部の水田で稲作が復活しているが、その規模は極めて限定されており、「ふゆみずたんぼ」の手法も用いられていない。

寒風沢島はもともと半農半漁村で、その田んぼは天水を利用した家族経営による小規模なものであった。稲作のみで生計を立てるのは困難で、近年では稲作を継続する島民も減ってしまった。こうした中で大規模な農地の復旧工事が行われても、そのような大規模な農業を引き継ぐ者はいないのである。集落のあり方を見つめ直し、その地域の実情規模にあった田んぼの継続性について、地域住民とともにもっと議論を深める必要であったと反省させられる。

今回、自然の持つレジリエンスを活用した田んぼのグリーン復興の実践により、津波が運んできた肥沃な土壌は、伝統的な知恵を活かせば資源となることが検証されたばかりでなく、本来歴史的な景観の持つ生態系のレジリエンス性が、グリーン復興の礎を築くために重要であることが明らかになった。

一方「ふゆみずたんぼ」のような生物と共生していく伝統的考農業が、さらに深く地域に浸透していくためには、その技術の有効性の検証ばかりでなく、生物文化多様性の持つ文化的な意義と、農業の担い手となる若者の育成や、本来あるべき農業の適正規模の再検討などの社会的要因を含めて、「日本の水田農業が抱えている問題」そのものを見つめ直すことの重要性を痛感した。

参考文献
桐谷圭治編　二〇一〇『田んぼの生きもの全種リスト　改訂版』農と自然の研究所・生物多様性農業支援センター他、四二七頁。
佐瀬与次右衛門著、庄司吉之助・長谷川吉次・佐々木長生・小山卓現代語訳　一九八二『日本農書全集』第一九巻、農山漁村文化協会。
横山和成　二〇一〇『食は国家なり！――日本の農業を強くする五つのシナリオ』アスキーメディアワークス、一九二頁。

椿がつないだ復興への力と協働
――前浜「椿の森プロジェクト」が目指した自然と伝承の共生

千葉　一

地域の自然は、それを直接利用する資源としてだけでなく、地域の人たちの思いを集約し、新しい動きを生み出す源にもなる。気仙沼市本吉町前浜の人々は、ツバキをシンボルとして地域が復興の力をまとめ、さらには地域外の人たちとの交流にもつながった。前浜で復興活動されたグループ「前浜おらほのとっておき」のみなさんは、地域の資源を利用した復興を図りたいという意図から、自力で地区集会所を復活させたり、海岸林を造成したりという活動を進めてきた。その活動のシンボルとなったのが、昔から地域に生えていて利用してきたツバキであった。さまざまな活動を通じて、実はツバキが自分たちのコミュニティを結びつけていたことに気づかされる。また、外部との協働を図る際にも、ツバキが重要な役割を果たす。千葉一さんは、活動への助言やコーディネートをしながら、ツバキが果たした重要な役割を「うみたん会議」で我々に教えてくれた。

死者を生きる持続可能性

東日本大震災の津波で、多くの地区集会所が流失した。宮城県気仙沼市本吉町の前浜マリンセンターもその一つだったが、二〇一三年九月にいち早く再建された。気仙沼市の財政によらず、自前で支援金を調達し、屋敷森の木を建築木材として提供し、伐採から製材等々、壁塗り、床張り、焼き杉加工、設計も含めた多くの建築工程に住民が参加した。敢えてそれを木造にしたことで、「ロー（老）テク」による住民参加が可能ともなった。

この前浜マリンセンターには、里の資源を活用し地域再生を図るという意図から、住民から贈られた地元木材が約九〇%使われており、それ自体が地域の自然資源を活かした復興ではある。しかし、実はその続きがある。建築木材の伐採跡地に、椿（ヤブツバキ）など地元の海岸植生を基本にした森をつくる試みが「前浜おらほのとっておき」（代表・畠山幸治）の人々によって「椿の森」プロジェクトとして始まっている。

マリンセンターの再建を可能にしたのは、今は亡き漁師たちによる植樹だった。いわば過去の死者たちが震災に見舞われた子孫たちに贈った「未来への贈与」であり、その死者たちの行為を反復する姿は、持続可能な地域社会のための伝承、死者を生きる活動にほかならない。本稿では、この「椿の森」プロジェクトが目指す生態系サービスの向上と活用を提示しつつ、この六年間の活動を紹介したい。

椿の回想と生態系サービス

写真1　20年ほど前に住民有志によって復元された欅製のキリン。後ろの建物は旧前浜マリンセンター。キリンはセンターと共に津波によって流失してしまった。1997年2月（千葉一撮影）

津波で被災した場所に「ツバキば植えっぺ」、「まだ、みんなして椿油搾りばやっぺ」という第一声は、まだ震災直後の春浅い災害対策本部（寺の物置）で上がった。その中心となった「前浜おらほのとっておき」の人々は、震災前から地元学的な活動を行ってきた。その一つが二〇年ほど前に復活させた「キリン絞め」と呼ばれる人力の欅製圧搾機による伝統的な椿油搾りだった（写真1）。彼らがキリン絞めを復活させた場所が、津波で流失した旧前浜マリンセンターだった。

岩石海岸の崖や浜辺に茂るツバキの森は、前浜の象徴的な風景である。海と陸の間の岩石海岸急斜面にあるツバキの森には、防風林や魚付林の効果もあることが知られていた。昔から人々は椿油を搾り、鬢付け油、刃物の錆止めに、ベビーパウダー代わりに、料理にと使ってきた。とくに「お精進あげ」と呼ばれる講では、儀礼食としてケンチン汁を全員でいただくが、それには椿油がたっぷり使われていたと聞く。つまり、ツバキは人々にとって大切な恵みであり、紐帯の輪を結ぶ重要な植物だった。「またあの場所に、みんなで集うんだ」という地域再生の中核としてのセンター再建のシンボルとして、ツバキという植物があることがわかる。

椿の森グリーンインフラの効用

ツバキなどの種子の採集・育苗・植樹地整備・植樹・育樹の過程には、かならず住民に参加してもらい、それぞれの伝統知やロー（老）テクを持ち寄って作業工程に活かしてもらうことにしている。オレイン酸八五％を含有する椿油を積極的に地域経済にも活用したい。また、ツバキの森の保全は、大切なアワビやウニの漁獲、山菜や堅果類などの生産性の向上に寄与するだけでなく、防潮・防風林、さらに保健休養林として、地域のかかえる問題を緩和してくれるだろう。それは、自然環境や風土性に順応した持続可能な高齢社会の将来の模索でもある。

こうした取り組みの一つの結果として期待されるものに、ツバキの魚付林を背景とした前浜産海産物のブランディング（たとえば「椿アワビ」）がある。しかしその経済的効果よりも、その実現過程で人々が協働する森林管理や海岸清掃、藻場の復元を促すようなツバキの持つ多様な意味や文化性を活かした生活やつながりが重要であり、ブランドはその結果でしかない。環境を保ち自然に順応的な伝統的な暮らしの知恵が、結果的に生業的メリットにつながることを身近なツバキから認知・共有していきたい。そうした活動こそが、自然を理性的に見つめ理解し、持続可能な里海をデザインしてきた先人たちの思考に学び、彼ら死者たちを生きることかもしれない。

外部団体との協働

海と陸の境に介在するツバキに学ぶこと。それをシンボルにすることで、コミュニティの内と外の新たなつながりも生まれた。「椿の森」は、早稲田大学ボランティアセンター（WAVOC）や目白大学、本庄高等学院高校などの学生（三陸つばき）、新宿区の高齢者（戸山シニア活動館）、ESD（持続可能な開発のための教育）を推進する環境復興機構、そして多様な研究者などによって支えられてきた。二〇一六年三月、これらを緩やかに統合する組織として「椿の学びづくり推進協議会」が結成された。

前浜「椿の森プロジェクト」は二〇一二年から、WAVOCの廣重剛史先生（現在、目白大学）率いる「海の照葉樹林とコミュニティ支援」プログラムとの協働から始まった。前浜で幼苗や種を採取し、それを早稲田大学と付属の本庄高等学院高校に持ち帰り、ポット苗化・育苗した。育てられた苗は二〇一四年から前浜に里帰りし、植樹されている（写真2）。大学生や高校生やOBが定期的に前浜を訪れ、その自然や民俗などを学び、住民と交流し、地域に対する理解を図りながら進めている。

二〇一四年には、廣重先生の発案で、大熊記念講堂そばで管理していたポット苗のすべてを大学近隣の戸山団地（高齢化率約五三％）内の新宿区立戸山シニア活動館に移し、高齢者の方々と協働する

写真２　前浜産のツバキの種が苗として里帰り。本庄高等学院で大切に育てられた苗を早稲田大学の学生さん達が届けに来てくれた。2015 年 11 月 14 日（千葉一撮影）

育苗が始まった。その目的は、多世代交流によって学生の学習機会を増やし、無縁化が進む都心（ある意味で限界集落）の地域福祉を向上させることにある。防潮林や防風林の可能性を開く前浜のツバキが、お年寄りと学生たちをつなぎ、高齢社会を支える縁起の木として位置づけられている。そしてこの活動により、「被災地支援」という一方向的な関係性のイメージではない、「被災地と支援地域の互恵的なつながり」が見えてくる。お年寄りと若者、そして地域の間をつなぐツバキの役割は大きい。

また、京都大学グローバル生存学大学院連携プログラムとの共催シンポジウム『森林文化を活かした地域の明日を考えよう』を皮切りに、二〇一四年から「漁師たちのＥＳＤ」講座も開催している。森林学、雑草学、園芸学、海洋生物学、人類学、公民館学、ランドスケープ、海岸・津波工学など多様な研究者・実践家から環境に順応した生業や地域再生や防災などを学び、タコ壺的思考に陥らず地域全体の多様な要素に配慮する機会となるよう努めている。

植樹においても、近視眼的な方法を避けた。当然、前浜の種を拾い、苗づくりをするので時間がかかるが、土地の気候風土に最も適した在来野生種、潮が被るような浜辺の環境に順応したものを使うことで、いつまでも防災・減災に貢献し、住民たちを優しく擁いてくれる森にしたい。ボランティアとの協働においても、短期間に大量の植樹用ポット苗を掻き集め、重機を多用した土盛りの上で盛大に植樹祭を開催するようなことはしない。

また、津波に生き残って高いレジリエンスを示してくれたものを丁寧に拾い上げて活かしたい。私たちを取り巻く息遣いや感触や共感が伝わるような適正な規模と真摯な取り組みの時間の中で、植樹という行為を協働者とともに「優しく愛情のこもったいたわり」あるものにしたい。時間や規模の経済に追われた生活から距離を置き、生態系に順応し人間関係を重視した「人間の安全保障（一人ひとりの生存・生活・尊厳を保障しようとする考え方）」を模索したい。そうした思いから、植樹地の基盤整備には敢えて重機を使わず、一つ一つ手作業で住民と大学生がともに汗を流しながら進めてきた。その際には、地元漁師・高齢者の知恵と経験、ローテクな器用仕事（ブリコラージュ）をフル活用し、木や竹の捌き方、刃物の使い方、簡易食器づくり、縄綯い、ロープワークなど、災害時でも役立つサバイバル技術を学生たちに伝授しながら行ってきた。

たとえば、斜面に植樹水平面を確保するため杭と竹でフェンスをつくり、土を入れる。その準備として休耕地に生えた雑木を伐採し（耕地再生）、皮を剥ぎ、鉈で先を尖らせ、杭の頭を面取り（杭の縦割れ防止）し、腐食防止の焼きを入れる。竹の繁殖に手を焼くお宅に出向き、竹を伐採（社会貢献）し、枝を払い、使いやすいように加工する。簡単な作業に見えて鉈などを使うには危険もあり、結構コツがいる。安易に市場や規格既製の商品に頼らず、身の周りの里の資源を器用に柔軟に活用し構成していく。ついでにその竹の余りで、皆で素麺流しをして楽しむ。こうした過程で交流人口が増え、高齢者の役割が認められ、その社会参加が健康寿命も伸ばすといった波及効果は、復興という枠を越えて地域福祉にも貢献するものでもある。

テナガサマ伝説という生態系の縁起プロセス

海岸崖のツバキの魚付林は、海と陸をつなぎ、海の豊饒を大地にもたらす役割を持っている。そのツバキに擁かれた豊饒の磯は、マグロなど大型回遊魚の依り代でもあった。また、そこでは浜の女性たちの役割も重要だった。海の「小さ子」たちの揺り籠としての豊饒の磯場は、同様に命を育む女の領分として人格的に守られ、持続可能な里浜の暮らしを成立させてきた。海と陸の境界に位置するツバキと女性たち、そうした伝承のトレースが、生態系に順応した復興への窓となる。ツバキは異質をつなぐ媒介であり、浜を守る女たち（水の女）を意味し、そして豊饒や再生・復興のシンボルとなる。

春、伝統の大謀網漁の「初起し」で獲れたマスを持って、浜の女たちは里を見守る日高見の端山を「山懸け」した。山の超自然的力を里海に運び大漁を呼び込む、漁業を加護（再生）する浜の女たちの祈り、「山神遊行」的な特異な儀礼（職能）があった。その根底には、山が支える磯の豊饒と引き換えに、ダイダラボッチが巨大な手を伸ばし、森の取り分として魚貝を浚うテナガサマ伝説がある。

それに対して、漁民たちはアワビなど海の幸を手長山の頂にお供えし、山や森との和解や再生（霊送り）を図ってきた。「山は海によって再生する」摂理、それを媒介してきたのは豊饒の磯場に関わるツバキと水の女だった。

巨大防潮堤建設などは、こうした相互依存的な山と海の再生や復興を媒介・促進するものたちを蹂躙することにほかならない。海や森の声に耳を澄まし対話する、自然に順応した復興や防災・減災の模索が求められる。死者を生きる「未来へのご恩送り」、マスやアワビを山や森に捧げる「霊送り」。私たちはそうした配慮が、単なる封じ込めの防災を越えて、結果的に「人間の安全保障」につながることを希望する。

媒介と紐帯、椿というトーテムの可能性

再建された前浜マリンセンターには大黒柱に巨大なコブシの木が、棟持ち柱にもスギの巨木が使われている。それらは、山形県最上町の方々が奥羽山脈を越え、北上高地を越えて贈ってくれたものだ。二〇一四年一一月、前浜と最上町黒澤は、県や市といった人為的な行政区分を越えて、山と海との自然のつながりをベースに、文化交流や災害時の相互支援なども含む「友好交流協定」を結ぶに至った。このつながりは、海と陸の対話としてのテナガサマ伝説を下敷きとした新たな伝承の物語の創造といえるかもしれない。

写真3　山形県最上町黒澤でツバキの植樹祭を行う前浜住民。ツバキという自然からの思考、その海と陸（山）の媒介と対話を祖型として架橋型社会関係資本を構築していく。2015年9月20日（千葉一撮影）

協定締結一週間後には「口開け」と呼ばれるアワビ漁の解禁があったが、その時に「最上町へのアワビの寄贈」が呼びかけられ、その日のうちに、その「浜の魂」は山の彼方の最上町や黒澤へと運ばれ贈られた。また、二〇一五年九月には、コブシの大黒柱への返礼と、黒澤・前浜の「友好交流協定締結記念植樹祭」を兼ねて、黒澤神社の境内でツバキの植樹祭を行った（写真3）。前浜の住人約二〇人が三〇本ほどのツバキの苗を携えて黒澤を訪問し、そのまま盛大な交流会となった。震災前には袖振り合うこともなかった海と山の人たちが、「黒澤餅搗き唄」と「大谷大漁唄い込み」によるエール交換をしながら夜は更けていった。

こうして、自然の摂理を映し出す伝承や伝統知やロー（老）テクを援用・応用・駆使しながら、山の彼方の友人・知人・学生のみなさんたちと、手探りで丁寧に模索した復興が行われてきた。私たちにとって、ツバキとは海による陸の再生、それを促す「媒介と紐帯」の一つのシンボル、あるいはトーテム（特定の社会集団と特殊な関係を持つ動植物などの自然物）の可能性を秘めたものかもしれない。

「ゆりりんの森」から
――海岸林再生と市民活動

大橋信彦

宮城県名取市閖上《ゆりあげ》海岸。その海岸林再生地は「ゆりりん」という愛称で親しまれている。この地で地域の人たちの交流や環境学習活動の推進役を担う「ゆりりん愛護会」は、マツ苗を塩害や砂嵐から守る海浜植物の存在や、マツの根と共生する菌根菌のはたらきに注目し、自然と共生する「美しく健康な海岸の再生」を目指して地域活動に取り組んでいる。

東日本大震災前の海岸林再生活動

二〇〇四年六月、不審火がもとで焼失した宮城県名取市閖上の海岸林焼失地にクロマツをはじめとする樹木の苗八種、一三〇〇本が植えられた。被災地区周辺に住む住民が行政に働きかけて実現した官学民協働による新しい海岸林再生事業のスタートだ。事業名は「環境学習林創造モデル事業」。その主旨には「環境学習の一環として学校と地域、森林・林業関係者が連携して焼失した海岸林を復興する事を通じ、環境保全や森林整備を地域社会全体で支える意識の醸成を図る」と謳われている。事業の実施主体は閖上小学校、下増田小学校、閖上中学校三校と、閖上地区町内会をはじめとする地元の各団体、支援するのは宮城県、名取市の各林業担当部、および教育委員会と、それぞれの役割が決まり、それらの代表による「環境学習林創造モデル事業運営会議」が組織された。そして、その年の一二月、地域の小学生が名づけ親になった「ゆりりん」（海岸林再生地の愛称）の立看板が現地に建てられた。

そこでは季節ごとに、松葉かきや枝落としなどの整備作業と周辺一帯の清掃作業が行われ、小中学生や農業高校の生徒たち、町内会や老人クラブなどの地域の人たち、およそ五〇名が毎回参加してくれた。作業の後では、専門家による「森の教室」や婦人会の皆さんによる「きのこ鍋」パーティ、そして、子どもたちの歌声が響く「森の音楽会」も開かれた。地域の長老は、冬に渡ってくるヒワを捕まえて鳴き声を競わせる「ひわっこ取り」の話や、松葉をかき集めて束ね、それを小船に乗せて売り歩いた「まつぱ売り」の話など、懐かしくも心温まる話を聞かせてくれた。参加した誰もが、楽しく健全な海岸林の復活を予感した。

二〇〇六年四月、地域住民が中心となって「ゆりりん愛護会」が正式に発足し、新しい組織の代表

写真１　閖上小学校４年１組の「青空教室」（2010年９月23日、青沼信行氏撮影）

には運営会議の議長が引き続き就任することとなった。会の目的は、「環境学習の一環として植林したゆりりんの管理、及び周辺の整備などを通じて、『地域の自然を守り愛するこころ』、『地域に奉仕するこころ』を持つ子どもたちを育成する」というものだ。

二〇一〇年九月二三日、閖上小学校四年一組の生徒四二名が先生に伴われてゆりりん森の広場へやってきた。久しく海岸に足を運ぶことのなかった学校が、そこで「青空教室」と銘打った野外授業を実施したのだ。生徒たちの反応は予想をはるかに上回るものだった。

「マツ林にはどんな生き物がいるんですか？」

「ここでどんなことをして遊んだんですか？」

矢継ぎ早に飛び出す質問に、講師役を務めた地域の長老やゆりりん愛護会の代表は嬉しい悲鳴を上げた。

そんな時、災害は予告なしにやってきた。二〇一一年三月一一日、大地震と大津波がこの地に襲来した。東日本大震災だ。まちはその姿をとどめず、海岸林は壊滅状態となり、ゆりりん愛護会のメンバー七名も帰らぬ人となった。しかし、哀しみの時を超え、私たちは行動を起こした。

東日本大震災後のゆりりんと海岸林再生活動

その年の秋、私たちは「白砂青松再生の会」（小川眞代表・任意の民間団体）の呼びかけに応じ、閖上海岸にわずかに生き残ったマツの球果を採取、それを福知山市の京都府緑化センターに送った。小川代表が提唱する「炭と菌根菌でマツ苗を育てる手法」は各地の海岸で成果を上げてきたが、同じ手法で被災地のマツを育成する作業が緑化センターで開始された。二〇一二年四月、球果から採取された種子が炭を入れた圃場に播かれ、発芽した幼苗には菌根菌（ショウロ菌）の胞子液が散布された。そのようにしておよそ五千本のマツ苗が育てられ、それらの苗は翌年の四月名取市に里帰りして、「白砂青松再生の会」をはじめとする多くのボランティアの手で名取市高舘《たかだて》の圃場に移植された。

写真２　高舘圃場でのマツ苗移植の風景（2013年４月、大橋信彦撮影）

一方、二〇一三年五月、国の「海岸防災林再生事業」がスタートした。ゆりりん愛護会も仙台森林管理署と協定を結び、仙台市荒浜地区の植栽地にその年一千本、翌年には宮城県緑化推進委員会と連携して、名取市下増田地区の植栽地に二千本のマツ苗を植えた。これらの活動には、会員のほかに多くのボランティア団体や市民が参加してくれた。国土緑化推進機構や宮城県緑化推進委員会など、行政サイドの支援に加え、ゴルフ緑化促進会の大きな助成も忘れることができない。「絆」や「つながり」という言葉も実感を持ってそれを受け止めることができた。私たちは多くのものを失ったが、この災害を通して得られたものもまた少なくはない。

震災後の心に残る出来事を記しておきたい。二〇一二年夏、被災地の住民が住む名取市植松《うえまつ》仮設住宅の自治会長から「海砂花壇をつくりたいので協力してほしい」という依頼があった。

「引きこもりの入居者が多くて困ってる。そこで考えたのが海砂花壇なんだ。閖上で育った者なら一度は海岸に行ってる。そこで見たものは必ず心のどこかに残ってるはずだ」と自治会長は言う。私たちはその言葉に動かされ、仮設団地の一角に海砂を入れてつくった一〇〇平方メートルほどの「海砂花壇」に、海岸で採取した海浜植物や高舘の圃場で育てていたマツ苗を運んだ。九月二九日、その日、海砂花壇に仮設住宅の住人三〇名が集まり、思い思いにマツや海浜植物の苗を植えた。現在、そこにはハマボウフウやハマヒルガオの花が咲き、マツ苗もすくすくと育っている。仮設住宅に引きこもりがちだった被災地の住民は、外に出て共に汗することの喜びを感じてくれたようだった。

もう一つの出来事は「伊予《いよ》の名取《なとり》」との交流だ。今を去る四〇〇年前、伊達政宗公の長子・秀宗公が宇和島藩初代藩主としてお国入りをした時、家臣団に同行した仙台藩名取郷の住民がいた。彼らは自らを「軍夫《ぐんぷ》」と呼び、軍馬の育成と海上警護の役目を担って佐田岬半島の西端に移住、その地を「伊予の名取」と命名した。現在の愛媛県西宇和郡伊方町名取地区である。時を経て二〇一一年、名取地区の住民は東日本大震災に遭った先祖の郷里に対し、二度にわたって義援金を送ってくれた。限界集落といわれる九〇戸、二〇〇名の名取地区住民の大きな善意の現れである。それを知った私たちは、高舘圃場で育てたマツの枝を切り「伊予の名取」に送った。マツ枯れがひどく正月用の松飾りが入手困難という話を聞いたからだ。災害がもたらした予期せぬ交流はこうしてスタートした。翌二〇一四年五月、名取市の有志一六名が「伊予の名取」を訪ね、高舘圃場に育つマツ苗一〇本を名取地区のあらかじめ決められた場所に植えた。「縁結びの松」と名づけられた震災生き残りのマツは、名取の名を冠する両地区住民の心にしっかりと根づいてくれたようだ。

地域の宝としてのマツ林

これからの海岸林再生活動は、防災の目的だけでなく、被災地区住民の心のケアやコミュニティの復活にも寄与するものでありたい。震災前の海岸でまちの人たちが一つになって流した汗と、海浜植物やマツ林がもたらした恩恵をこれからの海岸づくりに活かさなければならない。私たちは海岸に生きるもののふれあいと助け合いの精神を「地域の宝」として将来世代に伝えていきたいと思う。ゆりりん愛護会の活動は続く。私たちの活動は終わりのない、しかしそれは夢にあふれたものなのだ。

［コラム］海岸林の再生とグリーン復興

中静　透

白砂青松は、日本の海岸の典型的な風景であるが、このマツ林は地域の人たちがつくり、維持してきたものである。かつては海岸の砂は風によって激しく移動し、家が埋まることもあるくらいだったという。海岸の強い風を和らげることで、その砂の動きを止めるためにマツ林はつくられた。それは、江戸時代から続く、砂や風との長い闘いであったという。また、海岸林は、津波に対しても、その勢いを弱め、波が内陸に到達する時間を遅らせる効果がある。こうした機能（生態系サービス）を期待して管理される森林を、林野庁では保安林と呼んでいる。保安林には、目的に応じて水源涵養、土砂流出防備、飛砂防備などの区別があり、農林水産大臣や都道府県知事が指定する。

東北地方の太平洋側の海岸林の多くも、こうした保安林が多かったが、東日本大震災によって、国有林、県有林、民間の林を合わせて約一一〇〇ヘクタールが壊滅的な被害を受けた（写真1）。今回の津波は一千年に一回ともいわれる非常に強いものであったが、広いところでは幅数百メートルにも及ぶ海岸林が壊滅的な被害を受けた。巨大な津波に対して効果がないようにも見えたが、実際に細かな分析をしてみると、海岸林があったために損壊を免れた建物があったり、海岸林でさまざまな流出物が捕捉されたりということが報告されている。また、逆に、津波によって折れた樹木が家屋を損壊したというような事例もあった。いずれにしても、津波がもっと弱ければ、海岸林の効果は顕著だったと思われる。また、二〇一四年に改正された海岸法では、防潮堤だけではなく海岸林も海岸保安施設として位置づけられている。こうした海岸林を、防潮堤などのような人工構造物による防災・減災だけでなく、グリーン・インフラストラクチャーとして考えようとする動きも広がりつつある。

写真１　津波による岩手県高田松原の海岸林の被害（中静透撮影）

壊滅的な被害を受けた海岸林を再生しなければ、再び砂の移動が起こったり、内陸の畑が潮風の被害を受けたりという問題があるため、早急な回復が必要だということは疑いがない。ただし、ここで問題となったのは、地震による地盤沈下（大きいところでは一メートル以上）によって地下水位が高くなってしまったことである。そのため、津波直後に生きていたマツの中には、その後数ヶ月で枯れてゆくものもあった。また、地下水位の高い状態のままマツを植えても、十分に根づかない可能性があった。林野庁は、学識経験者からなる委員会を設置し、海岸林の再生方針を決めた。

林野庁がとりまとめた方針によると、再びこのような津波があっても、根を強く張り、津波の勢いを弱め、さらに折れた幹が建築物に被害を与えないように、健全なマツ林を再生するということが重視された。したがって、地盤沈下に対して最低でも標準的な海面よりも二メートル以上になるように土盛りをすること、海岸林の林帯幅二〇〇メートルを確保することが決定された。

しかし、仙台湾の海岸林などは、環境省の特定植物群落などにも指定され、希少な動植物が生息することが知られている。健全な森林をつくるためとはいえ、かつて海岸林のあった場所の土砂にはさまざまな植物の種子や生きた生物などが含まれており、海岸林の再生にはこうした生物が役に立つ。しかし、その上に熱い土盛りをしてしまうと、これらが死滅して、豊かな生物多様性が戻らない可能性があるという指摘もあった。そのため、林野庁は海岸林の再生における生物多様性への配慮のため、別の委員会を設けてその検討を行っている。その結果、生物多様性に配慮して現状のままの再生を図る場所や、いったん表層の土壌を取り置き、土盛りをした後にその土壌を戻すというような実験的再生も行われた。ただ、こうした配慮が行われた場所は一部であり、全体としては生物や生態系に十分な配慮ができなかったのではないかという批判もある。

一方、こうした森林再生に関しては一般市民の関心も高く、たくさんのボランティアが森林再生に関わっている。植栽する樹木の種類に関しても、マツだけでなく、多様な樹種を植えるべきという議論も起こった。実際に、内湾や古くから森林が存在して土壌の発達した場所では、タブやヤブツバキ

写真２　仙台湾における海岸林の植栽（中静透撮影）

の森になっている場所もあり、森林の回復にあたって、どのような樹種を用いるべきなのかという議論もさまざまに行われた。そうした議論の結果、いくつかの地域では常緑広葉樹や落葉広葉樹が植えられた場所もある。しかし、海岸の最も海に近い部分や、砂浜などのように土壌が未熟な場所では、マツが最も有望な樹種であることが、これまでの長期の樹木の研究から知られており、やはり大部分の場所ではマツが植栽されている（写真２）。

海岸林は、かつて地域住民が枯れた部分に植栽を行ったり、落ち葉を利用したりという管理を行ってきた。伝統的には、地域と結びつきの強い森林であるが、近年はそのつながりが薄れてきているのは否めない。しかし、今回の森林では、地域との結びつきを再度見直す活動がなされている。本書で紹介する「ゆりりん」や「椿の森プロジェクト」などでも、そうした自然との関わりの歴史を前提とした、地域住民の心が大きな役割を果たしている。

海岸の岩壁を世界的な観光資源にする
――金華山をクライミングの聖地に

藤田　香

信仰の対象である金華山も震災で大きな傷を負った。島の自然と地形を活かしてクライミングを楽しむスポーツ、ボルダリングを接点にこの島を知った村上美智子さんは、島に活気を呼び戻して恩返しをする活動を始めた。国内外からクライマーを招いて島の価値を知ってもらい、クライミングのみならずボランティアのイベントも組み立て、崩れた登山道を整備した。ゆくゆくは、地元の誇りにもつながるような、自然を活かしたスポーツを楽しむツーリズムを定着させたいと夢は広がる。

震災で観光客が激減した霊峰

宮城県石巻市の沖合七〇〇メートルに浮かぶ独立峰の島「金華山」は、東北の霊峰として長らく崇められてきたパワースポットである。山の中腹にある金華山黄金山神社が建立されたのは八世紀。中世に入ると、修験の山として出羽三山や恐山とともに奥州三大霊場と呼ばれて多くの参拝客で栄えた。近年はパワースポットを求めて訪れる大勢の観光客でにぎわい、最盛期には年間一〇万人が訪れ

写真1　金華山は牡鹿半島の沖合700メートルに浮かぶ島。島の周囲は26キロ。標高445メートルの独立峰である。なだらかな山容だが、海岸線は断崖絶壁となって切り立っている（FAJ撮影）

写真2　金華山にはニホンジカやニホンザルが多数生息している。島内にはブナやモミの天然の森が広がり、野生生物の楽園となっている（藤田香撮影）

る人気の観光地となってきた（写真1）。

透き通ったエメラルドグリーンの海からたおやかな山容を見せる金華山は、遠目にも美しく、いかにもパワースポットという感じである。山腹には天然のブナやモミの広葉樹の森が広がり、海岸線には白い花崗岩が断崖絶壁となって立ちはだかっている。島内には神の使いといわれるニホンジカが五〇〇頭、ニホンザルが二五〇頭生息している。一九五〇年代以降、南三陸金華山国定公園に指定されてきたが、二〇一五年には三陸復興国立公園の一部に組み入れられた（写真2）。

手つかずの自然が残るこの島もまた、東日本大震災の大きな揺れと津波に見舞われた。震源地に極めて近かったために衝撃は大きかった。震災当日、島にいたのは神社関係者と参拝客をあわせて四一人。社務所や宿坊は海抜約一〇〇メートルの高台にあるため津波を免れ、死者こそ出なかったものの、神社の鳥居や燈籠は倒壊し、社殿は一部崩壊、参道もところどころ崩落して大きな被害を受けた。痛手だったのは島と本土を結ぶ航路を断たれたことだ。船の桟橋や港湾施設

写真３　島にある金華山黄金山神社。建立は８世紀にさかのぼる。中世には修験の山となり、恐山や出羽三山とともに奥羽三大霊場と呼ばれる。神社には宿坊があり、宿泊の参拝客は「一番大護摩祈祷」に参列することができる（藤田香撮影）

は震災後の地盤沈下で水没し、定期船の運行がストップした。その後の懸命の復旧作業によってインフラや施設は徐々に復興し、二〇一三年五月には神社の重要祭礼である五月の大祭を本格的に復活させるに至ったが、それでも定期船や観光ツアーの数は完全に戻らず、観光客は激減してしまった（写真3）。

山好きの主婦が呼びかけた活動

写真４　金華山は 2015 年に三陸復興国立公園の一部となった。広葉樹の森や、花崗岩の断崖絶壁を見ながら歩く海岸沿いのハイキング道は、原生の自然を感じさせてくれる（藤田香撮影）

この島にかつてのような活気を取り戻し、島が持つ豊かな自然を活かして復興に役立てられないか。そんな考えの下で二〇一三年に始まったのが「宝島プロジェクト」というユニークな活動である。金華山を登山やボルダリング、フリークライミングの基地として活気を呼び戻そうという活動だ。ボルダリングとは二〇二〇年の東京五輪の新種目になっている壁をよじのぼるスポーツである。屋内競技のイメージが強いが、もともとは太陽を浴びて風を受けながら自然の岩場を素手と足だけで登る、大自然を舞台とするスポーツである。

この宝島プロジェクトの旗振り役を担っているのが、仙台在住の村上美智子さんである。子育てをする山好きの主婦だった村上さんにとって、金華山は地元山岳会の仲間とハイキングやボルダリングに何度も訪れた思い出の山だった。二〇〇四年頃から二〇～三〇人の山仲間とともに時々訪れてはボルダリングを楽しんできた。

写真５　NPO 法人 FIRST ASCENT JAPAN.（FAJ）は、登山道の整備、ボルダリングやトレッキングのプログラム企画、森林再生の三本柱で活動している。右から３人目が理事長の村上美智子さん（藤田香撮影）

全国に岩場は数あれども、村上さんにとってここは特別な場所だった。

「人里離れているがゆえに手つかずの自然が多く残っている。いろいろな山に登ったけれども、原生の空気を感じさせてくれたのは私にとって金華山だけだった」とその魅力を打ち明ける。仲間内でひそかに「宝島」と名づけ、自分たちだけのシークレットエリアとしてこの島に通った（写真4）。

その宝島が震災後の復興に苦しんでいると聞いた村上さんは、大きなショックを受けた。「何とか恩返しをできないか」。仲間たちに声をかけ、ボルダリングなどの自然体験活動を行うことで島を活性化しようと提案した。こうして仲間たちと二〇一三年に立ち上げたのが、ＮＰＯ法人ファーストアッセントジャパン（FIRST ASCENT JAPAN.：ＦＡＪ）である。村上さんは理事長に就任し、金華山の岩場や生態系を活かした復興プログラムを提供する「宝島プロジェクト」を始めることにした（写真5）。

世界のクライマーが訪れる「宝の島」に

ＦＡＪは現在、金華山でボルダリングイベントを定期的に開催したり、クライミングエリアの開拓を行ったりしている。さらに村上さんは大胆な行動にも出た。世界的に有名なクライマーを島に呼んで岩壁を登ってもらい、世界の人々に金華山を知ってもらおうという作戦を立てたのである。

長年の登山経験から、彼女には金華山がクライミングの聖地になりうるという確信があった。金華山は世界の有名な岩場に引けをとらない可能性を秘めていた。

花崗岩がつくりだす白い岩壁のルートは美しく、まだ人の手に触れられていない未踏の壁への新たなルートの開拓は、クライマーを強く惹きつける魅力がある。「チャーター船を頼んでもこの島に登りに来たい人は必ずいるはずだ」と考えた。

彼女は「ここをクライミングの聖地として、世界のクライマーが訪れる『宝の島』にしよう」という大きな夢を描いたのである。そのチャンスは間もなくやってきた。ボルダリングやフリークライミングの分野で世界的な第一人者である平山ユージ氏が、ボルダリングのイベントのため仙台のクライミングジムを訪れた。平山氏はフリークライミングのワールドカップで、日本人で初めて総合優勝を果たしたクライミング界の伝説的人物である。村上さんは臆せず、知人を介して平山氏に金華山の活動を紹介してもらい、彼をクライミングに誘ったのである。

写真６　金華山の花崗岩がつくりだす岩壁は美しく、未踏の壁はクライマーを惹きつける。世界的に有名な南仏の岩場にも似ているといわれる（FAJ 撮影）

金華山に関心を示した平山氏は、その年、約束どおり金華山にやってきた。そしてその岩場に魅了された。原生の自然が残る絶海の島の白い岩壁をすっかり気に入った彼は、世界的なクライマーである英国人のジェームズ・ピアソン氏や、若手の第一人者である中嶋徹氏などのクライミング仲間を誘ってその後も毎年登りに来るようになった。そのたび村上さんらＦＡＪの仲間が案内し、フェイスブックなどのＳＮＳ（ソーシャル・ネットワーキング・システム）でクライミングの様子を発信した（写真６、７）。

外国人たちは金華山黄金山神社の宿坊に泊まって信仰や文化にも触れながら、ボルダリングやフリークライミングを楽しみ、新しいルート開拓をするようになった。ピアソンは金華山を「美しく、未開拓のルートがあり、大きな可能性のある場所」と高く評価してくれた。彼らが金華山を評価してくれたことで、その名前は徐々に世界のクライマーの間に広がり始めている。

　もちろん、ＦＡＪの活動が軌道に乗るまでにはすべてが順調に進んだわけではない。島の多くは林野庁の国有地であり、一部は金華山黄金山神社の私有地であるため、島外からクライマーやハイキング客を呼んでボルダリングイベントなどの復興イベントを開催するには、国や神社から許可をもらう必要があった。金華山の頂上に至る登山道には地震で崩れたところも残る。頂上までトレッキングするには登山道整備が必要だが、国有地のため民間ボランティアが勝手に整備したり倒木を片づけたりできないという問題もあった。

写真７　ボルダリングやフリークライミングの世界的第一人者である平山ユージ氏が、毎年クライミング仲間とともに金華山を訪れ、花崗岩の断崖絶壁にルートを開拓している（FAJ 撮影）

　村上さんは金華山黄金山神社の権禰宜《ごんねぎ》の日野篤志さんと連絡を取り、自分たちの金華山復興に寄せる熱い思いを伝えた。日野さんはその思いを汲み取り、壊れた神社の境内や橋の復旧を手伝うことを条件にクライマーを島に呼び寄せることを許可してくれた。登山道の整備については、宮城県が林野庁との間をつないでくれ、民間ボランティアによる整備の許可を得ることもできた。

新しい観光地が心の復興になる

ＦＡＪは二〇一四年以降、登山道整備のボランティアイベントを一〇回以上開催した。このイベントやボルダリング教室には全国から反響があり、毎回、募集定員の人数が埋まるという。

「とくに登山道整備は、交通の便が悪く、肉体労働であるにもかかわらず、わざわざ島まで来てくれる人がいるのは本当にありがたい」と村上さんは笑顔をこぼす。驚いたのは国内だけでなく世界からも問い合わせがあることだ。イベント募集を呼びかけるフェイスブックの写真を見て、「この美しい岩場はどこにあるのだ。世界的に有名な南仏の岩場カランクに似ているね」と絶賛する声もある。

「世界の人々から賞賛されることは、地元の人々の心の復興や故郷への誇りにもつながる」と村上さんは感じるようになった。「登山道整備は復旧すれば終了する活動だが、ここをクライミングエリアとして確立すればずっと観光地として活動が続く。地元に新しい観光地をつくること、地元の誇りをつくることは、これからも残っていく活動だ。自分がやるべきことはこれだ」と確信し、アウトドア・アクティビティという新しい滞在型観光を根づかせることを新たな目標に掲げた。

活動を通して手ごたえも感じるようになった。たとえば、二〇一六年三月二〇日から二一日に開催した金華山の観光振興プロジェクト「まるごと金華山歩」では、石巻市や女川観光協会、船会社、金華山黄金山神社などで構成する「金華山観光推進プロジェクト委員会」とＦＡＪが共催し、宮城県の復興応援隊なども協力して大掛かりなイベントを仕掛けた。

このイベントでは、金華山をまるごと体感できるよう五コースの自然体験ルートを設けた。金華山黄金山神社を楽しむコース、島の巨木を巡るコース、修験者の山駆けを再現する山岳コース、三陸復興国立公園の海岸沿いの遊歩道「潮風トレイル」を歩くコース、そして岩場のボルダリングのコースだ。このうち後者の三コースをＦＡＪがつくりこんだ。

写真８　FAJは登山道整備のためのボランティアイベントも定期的に開催してきた。全国から多くの人が参加してくれるという（藤田香撮影）

イベント当日は宮城県内を中心に一〇〇人が参加した。地元の人々が金華山の自然や文化の価値を再認識して感動する様子を目の当たりにし、新しい観光地づくりや誇りをつくることの大切さが胸に染み入った。

イベントではドローンを飛ばして空から金華山を撮影するという工夫も凝らした。険しい修験コースの山駆けやボルダリングの様子を空から撮影することで、金華山の地形や生態系の素晴らしさを臨場感を持って伝えることができる。最終日には金華山で解散せず、船で女川町の本土に渡って民宿に泊まり、報告会を開いた。そこではドローンで撮影した映像を上映した。

上空からの雄大な岩場や参加者の動きが映し出されるたび、大きな歓声が上がった。映像や写真を交えて報告し合あうことで、参加者たちは金華山を再度体感でき、感動が心に刻み込まれているようだった。自分が参加できなかった他のコースのことも知って、次回参加したいという参加者もいた。ドローンを使って金華山を伝える手法に、村上さんたちは可能性を感じたという。

ＦＡＪは現在、崩れた登山道の整備や、ボルダリングやトレッキングのプログラム企画、マツ枯れの被害がある森林の再生を三本柱に活動を本格化させている（写真８）。イベントの参加者はこれまでに一〇〇〇人に上った。仙台市内にオフィスも構えた。今後は､立ちながらサーフボードに乗る「立つサーフィン」と呼ばれるＳＡＰなどのマリンスポーツとのネットワークも活動に取り込みたいという。

「金華山には海、山、森、岩壁がある。欧州ではバカンスというと一ヶ月の休みを取って一ヶ所にとどまる滞在型の観光が普通だ。こうしたスタイルを金華山でつくりあげたい。世界の人に認められる新しい観光地をつくりたい」と村上さんは目を輝かせる。金華山が持つ自然の財産（自然資本）を活かして復興に役立てるグリーン復興ツーリズム。その挑戦は始まったばかりだ。

〔コラム〕 素早く復活した干潟の生物

占部城太郎

仙台湾や南三陸には大小いくつかの干潟が点在している。干潟は稚魚などの育成の場であるとともに、多様な水生生物が生息しているため水鳥の餌場にもなる。そこに棲む水生生物は、干潟で育つ藻類だけでなく陸から流入する有機物も食べる。流入する有機物を食べて消化するということは、水を浄化することにほかならない。干潟は多様な生物を育み、水を浄化する機能を持っており、私たちの社会を直接、あるいは間接的に手助けしてくれている。干潟はまさに自然の恵みといえるだろう。

東北の沿岸域はこのような自然の恵みに支えられて発展してきた。東日本大震災により私たちの社会は大きな被害を受けたが、東北地域太平洋沿岸の生物たちも、地震や津波により大きな被害を被ったのだろうか？　東北沿岸域の平野部や河川沿いには水田が広がっている。このような水田も水生生物の大切な生息場所だが、たとえば宮城県では県内の水田の一一％が津波に被災した。津波により海水に浸った水田の生物たちには何が起こったのだろうか？　もしそこに棲んでいた生物たちが津波により一掃されていたとしたら、再びもとのような生物群集に戻るだろうか？　もし以前のような姿に

写真1　ボランティア調査員による生物モニタリング調査風景（占部城太郎撮影）

戻るとしたら、今回の地震や津波は自然界の中ではそれほど大きな撹乱ではなかったことになる。しかし、もしもとの生物群集の姿に戻らず、震災前とは異なった生物群集が形成されるとしたら、震災の影響は今後も長く続くことになり、私たち人間社会の復興もままならないかもしれない。

　東日本大震災の自然界での意味を考えるためには、地震や津波前後でのこのような生物群集の変化に加えて、津波後の経年変化の調査も必要である。私の専門分野である生態学は、人間社会の復興に直接役に立つ学問ではないが、生物群集の変化の様子やその理由を明らかにすることで、自然界における震災の意味や、今後の沿岸域の姿を考える基盤を提供することができる。残された自然には、今後の活力を生み出す新たな萌芽があるかもしれないし、そのような場所こそ将来のために保全していくことが必要となるだろう。そこで私たちは、津波によって大きな影響を受けたと考えられる干潟や被災した水田を対象に、定期的に水生生物のモニタリング調査を行うことにした。

　生物のモニタリング調査には多くの調査員が必要である。私たちの研究室だけで多数の干潟や被災した水田を長期にわたって調べることは困難である。幸いなことに、三井物産環境基金が資金援助を、アースウオッチ・ジャパンがボランティア調査員を募集し派遣するという形で、それぞれ協力してくれることになった。募集するボランティア調査員は専門家ではなく、生物調査の経験がまったくないオフィスワーカーなどの一般市民である。専門家ではない一般の方と調査を行うことにはデータ精度が落ちる可能性があるので、必ずしも研究には向かない。しかし、一般の方と調査を行うことは、豊かな東北の自然の姿や多様な生物の重要性を、口コミで多くの方に伝えてもらえるというメリットがある。そこで私たちは、生物調査の経験がない人でも、専門家と同じくらい精度の高いデータが得られる調査手法を工夫しながら作成した。その手法を用い、ボランティア調査員とともに、東日本大震災以後、被災水田は二〇一四年まで、干潟は現在でも毎年、生物モニタリング調査を続けている。

まず、被災水田のモニタリングから分かったことを述べたい。津波に被災した直後に宮城県内の水田について調査を行ったところ、いずれの場所でも被災した水田で生物はほとんど見られなかった。津波がもたらした塩分により、淡水生物は生息できなくなっていたのである。しかし塩分を除去し土壌を入れ替えると、一年後には飛翔して移動するさまざまな水生昆虫が観察されるようになった。二年目にはカエルなど歩行して移動するものや、貝類や魚類など水中を移動する生物が見られるようになった。三年目になると、ヒルなどの捕食者も見られるようになり、被災していない水田と遜色ない生物群集が形成された。水田の場合、米の作付けができるようになって三年で生物群集は回復したのだ。ヒルはあまり好まれる生物ではないが、巻き貝や水生昆虫など、餌となる生物が増えないと生息できない。生物群集という視点から見ると、ヒルがいる水田は健全な水田であるということも、このモニタリング調査から分かった。

沿岸域の干潟について見ると、震災前はそれぞれの干潟で特有の生物群集が形成されていた。しかし、どの干潟でも震災直後は出現生物が減少し、干潟によっては八割ほどの生息種が見られなくなっていた。しかし震災から一〜二年経つと、震災前にいた生物種のおよそ七割が再び見られるようになった。私たちは、生物群集がもとに戻るには数年かかると考えていたが、驚くべきことに、たった二年で多くの種が見られるようになった。しかも、それぞれの干潟特有の生物種が見られるようになったのだ。私たちは、震災被害の大きさや復興が遅々として進まないことから、自然の回復も遅いと勝手に思っていた。しかし、自然は速やかに回復へと向かっていたのだ。それぞれの干潟で特有の生物種が戻ってきたということは、今回の震災と津波が自然界にとってはそれほど大きな撹乱ではなかったことを示している。

ただし、どの干潟も震災前の姿に完全に戻っているわけではない。本稿を執筆している震災後七年を経た現在でも、出現種は毎年少しずつ変化しており、残念ながら完全回復には至っていない。その理由が、防潮堤など沿岸域で進められているインフラ整備事業によるものか、自然そのものの営為によるものかは定かではない。その確認をするためにも、あと数年、ボランティア調査員とともに干潟の生物モニタリングを続けていきたいと考えている。

Ⅳ　防潮堤は必要なのか

揺れ動いた防潮堤に関する考え方

中静　透

防潮堤建設の実態

震災後、防潮堤建設は大きな問題となった。津波によってかつての防潮堤のほとんどは破壊され、中には田老町の防潮堤のように、高さ一〇メートルにも及ぶ防潮堤を超えた津波が襲った（写真1）。またその復旧にあたっては、被災された方々が、肉親を失われたり家を失われたりという混乱のさなかで、十分な議論を経ないまま、新しい防潮堤に関する議論が進んでいった面がある。ここで、この問題の経緯を整理しておこう。

防潮堤は、海岸法に基づいて知事が行う海岸保全計画の一環として建設される海岸保全施設である。一部には、港湾などが国交省、漁港は水産庁、海岸林（保安林）部分は林野庁などが管理するが、その多くは県が管理する。津波によって破壊された防潮堤も、通常は三年以内に原型復旧される。ただし、今回の津波は、一千年に一度ともいわれる巨大な津波であり、中央防災会議では、数十年から一〇〇年に一度程度のレベル一と区別して、レベル二の津波とされ、いまだに建設が終了していない。防災害復旧にあたり、このレベル一とレベル二の区別が、防潮堤や地域区分に用いられている。防潮堤

写真1　高さ 10m 以上の防潮堤も津波で破壊された。岩手県田老町（中静透撮影）

の復旧は原則五年以内（宮城県）で、かつその構造も従来より強固なものに変更され、徐々に整備される計画であった。宮城県などの津波防災に関する基本的考え方は、レベル一以下の津波は防ぎ、それを超える津波に対しても就業中に確実に逃げられるように、それが想定される地域では一定の建築は制限されるものの、避難ビルや避難路との組み合わせで避難を考える。また、居住地は就寝時の津波にも人命を守ることができるようにレベル二の津波でも安全な場所に制限することを基本としている。そして、多くの場合、レベル一以下の津波を防ぐことのできる防潮堤が海岸に建設されている。

防潮堤の高さは、過去に起こった明治三陸沖地震（多くの地域でレベル二と想定）、昭和三陸沖地震（レベル一）、チリ地震（レベル一）、宮城県沖地震（レベル一）などの痕跡やシミュレーショ

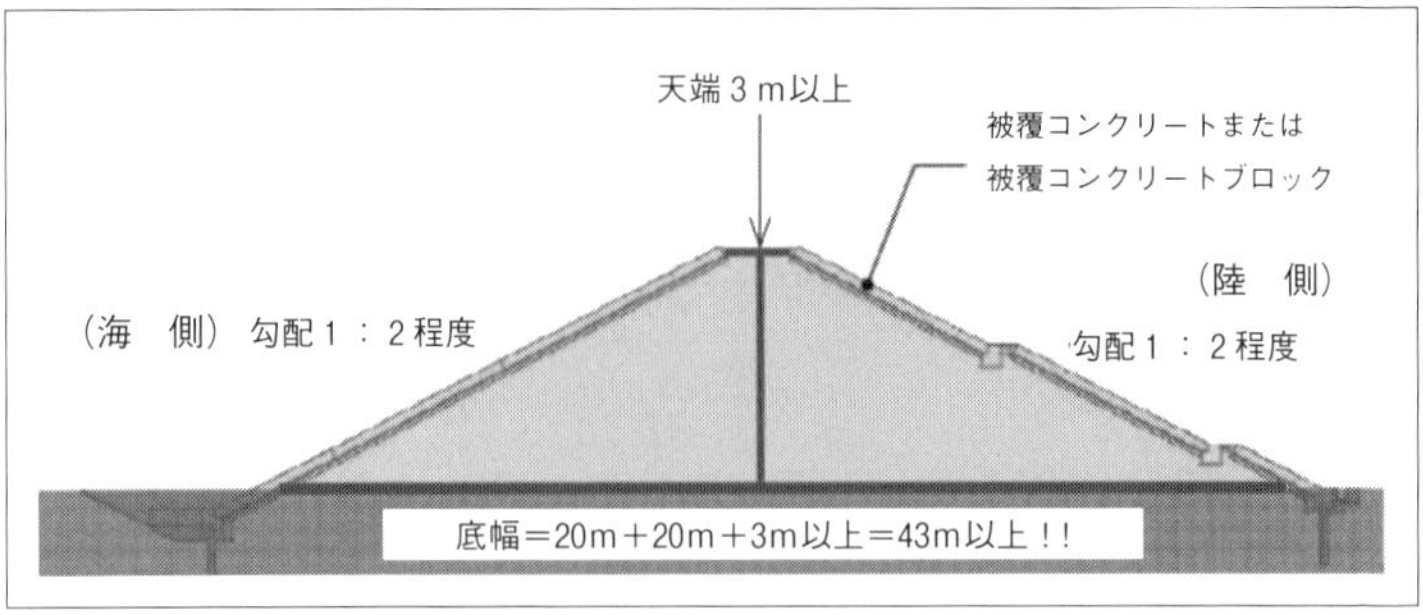

図１　巨大防潮堤の断面図
出典：国土交通省「河川・海岸構造物の復旧における景観配慮の手引き」図面にNACS-J加筆。日本自然保護協会「自然保護」2013年7・8月号より引用。

ンの計算値をもとにその地域ごとに算出されている。また、今回の地震では、多くの防潮堤が引き波などによって壊されたため、従来よりも強い構造を持つ防潮堤へと設計も変更されている。そのため、多くの場所でこれまでよりも底辺幅の広い防潮堤が計画・建設された。高さ一四・五メートルという高い防潮堤では、底辺の幅は九〇メートルにも及ぶ。「巨大防潮堤」と呼ばれるのはそのためである（図1）。また、防潮堤を建設する場所や形は住民との話し合いで決定されるが、復興予算は五年間といわれ、その間にこの建設を東北地方各地で行うことになったため、工事としても急ピッチで進める必要があった。また、防潮堤予算は、それ以外のことに使用することはできないとされた。

そうした状況の中で、地域でも防潮堤計画に対して賛成・反対のさまざまな意見があった。防災効果は明らかであるが、高い防潮堤の効果を過信するあまり逃げ遅れたという声もあった。また、漁師の人々は、海の状況を毎日見て漁に関する情報を得ているが、高い防潮堤ではそうしたことができなくなる、という意見もあった。従来から海水浴場として使われた砂浜がなくなったり、景観を損ねたりするという意見もあった。さらには、高台移転によって、だれも住まなくなるような海岸にあえて防潮堤を復旧させる必要はないのではないか、というような議論もあった。地域住民の考え方も必ずしも一つではないが、そうした意見を十分聞くことができたのか、あるいは合意を得る努力が十分なされたのか、という点についてもさまざまな意見がある。なお、防潮堤は環境アセスメントの対象事業にもなっていない。

グリーン復興としての考え方

「海と田んぼからのグリーン復興」を考え始めた当初から、防潮堤は大きな問題としてとらえられていた。藻場や海草場、干潟などは海産物資源である魚介類の幼生が育つゆりかごとして重要であり、防潮堤はそうした生態系を壊してしまうことは地域の産業にも影響するのではないかと考えられたし、白砂青松と呼ばれるような海岸景観も損ない、地域の誇れる自然が失われることも危惧された。

そのような状況で、外国の状況などを調べてみると、生態系を活かした防災・減災（EcoDRR）や、グリーン・インフラストラクチャーという考え方がすでに存在していることが分かってきた。つまり、コンクリートなど人為的な構造物だけでなく、森林や自然海岸などを残したり、人工構造物と生態系を組み合わせたりすることで、防災・減災の効果を引き出そうとする試みである。

表1　生態系を活用した防災・減災の特徴

機　能	人工物インフラ	生態系インフラ
単一機能の確実な発揮 （目的とする機能とその水準の確実性）	◎	△
多機能性 （多くの生態系サービスの同時発揮）	△	◎
不確実性への順応的な対処 （計画時に予測できない事態への対処の容易さ）	×	○
環境負荷の回避 （材料供給地や周囲の生態系への負担の少なさ）	×	◎
短期的雇用創出・地域への経済効果	◎	△
長期的な雇用創出・地域への経済効果	△	○

出典：環境省「生態系を活用した防災・減災に関する考え方」2016年。

アメリカでは、二〇一二年のハリケーン・サンディでニューヨークが広範囲で被害を受けた後、その復旧にあたっては生態系を利用した海岸工法を必ずオプションに入れて検討することになった。また、オランダでも、温暖化で予想される海面上昇の対策を考える際に堤防をセットバックし、堤防の前面に海岸湿地を残すというような対策も取られている。こうした考え方は、東日本大震災以降しだいに注目されるようになり、日本学術会議をはじめ、さまざまな学会などが提言や声明を出している。また、国連の国際防災戦略（UNISDR）や二〇一五年に仙台で開催された国連防災世界会議でも、少しずつ注目されるようになっている。日本では、なかなかその動きは主流化したとはいえないが、最近になって国土計画（国交省で索定）や国土強靭化アクションプラン（内閣官房で決定）の中に、グリーン・インフラが盛り込まれるようになってきた。

生態系を活かした防災・減災の特徴はいくつかあるが、最も重要な点は災害時以外にもさまざまな利用が可能だという多面性である（表1）。単純に防災・減災の機能だけを見るなら、人工構造物の方が効果は確実で、またその物理的限界も明確である。それに対して、生態系を利用した方法では、防災・減災の効果はやや不確実な面もあるが、おそらく維持管理コストは人口構造物に比べると低い。また、災害時以外には地域の生活に関係したさまざまな働きを期待できる。漁業資源の涵養や砂浜での海水浴など、たくさんの自然の恵み（生態系サービス）があり、地域によってはそれが産業となっている。沿岸地域の生態系は、国際的には高い価値のある生態系だと考えられているが（序の図2を参照）、日本ではさまざまな開発で急速に失われ、最も危機にある生態系といわれている。防災を優先して巨大な防潮堤を海岸に建設することで、こうした資源（自然資本）を失ってよいものだろうか。

また、今回の震災では、海岸付近では地震による地盤沈下で新しい干潟や湿地が出現した場所も少なくない。こうした場所には、すでにその地域では何十年も前に見られなくなった植物が出現したりもした。また、数十年前に干拓して農地にした潟湖や沼が再び出現し、貴重な生態系が復活したところもある。地域人口も減少しつつあるいま、こうした自然環境のあり方を考え直すべき時にあるのではないか。

こうした状況の中で、さまざまな場所で巨大防潮堤の建設には賛成・反対の議論が行われた。多くのところでは、トップダウンで決定された建設をそのまま行った場所が多いが、大きな反対運動が起こった場所も多い。その中で、ここに紹介する大谷海岸と蒲生《がもう》干潟の例は特徴的な活動であったといえる。

異なる立場から合意に至るには何が必要か

――地域の宝物を認識する大谷海岸

岸上祐子

各地でさまざまな議論を巻き起こし全国の注目を集めた防潮堤建設。賛成、反対、分からない……、地域の中でも意見は一致しない。その中で、若者を含め話し合いを重ね住民と行政が合意に至った大谷《おおや》海岸の防潮堤はどういう経緯をたどったのか。一般社団法人プロジェクトリアスの代表理事を務め、住民の意向のまとめに奔走した三浦友幸さんに話を聞いた。

気仙沼市大谷海岸

東日本大震災で、砂浜と保安林のほとんどが消失してしまった気仙沼市の大谷海岸。かつては日本一海水浴場に近い駅、ＪＲ気仙沼線「大谷海岸」駅があり、駅から徒歩数分で海岸へ出ることができた。その海岸は、二〇〇六年に「快水浴場百選」に選ばれ、環境省のウェブサイトには次のように紹介されている。

延長約二キロメートルに及ぶ緑の松原と、遠浅な砂浜が続き波静かな海水は清らかで塩分の濃度も高く、安全な海水浴場として宮城県有数である。

二〇一一年三月一一日、高さ一〇メートルを超える津波が襲った。大谷海岸のある気仙沼市では一三〇〇人を超える死者・行方不明者が出、九五〇〇世帯が被災し、約二万人が避難生活を余儀なくされた。津波によって、美しかった砂浜はえぐられ、流された家屋や壊れた護岸コンクリートの残骸が散らばっていた（写真1）。

住民に示された防潮堤プラン

これまで誰も体験したことのないような自然災害だ。「被災してからしばらくは、とにかく生きていくのに必死だった」と、気仙沼市生まれで、当時気仙沼まちづくりセンターに勤務しながら一般社団法人プロジェクトリアスの代表理事としても、まちづくりに奔走する三浦友幸さんは語る（写真2）。三浦さんの母親も、震災の犠牲者だ。

写真1　震災後の大谷海岸の全景を臨む（プロジェクトリアス提供）

周囲の多くの人々も同様だった。まず家族や親せき、友人たちの安否確認、そして生活の再建。避難先から復興住宅に移りようやく「周囲が見え始めた」という二〇一二年七月、大谷海岸の防潮堤に関する住民説明会が国・県および市によって開かれた。防潮堤については、被災した東北各地の海岸で賛否をめぐって議論が紛糾していた。気仙沼市では、防潮堤計画を学ぶ「防潮堤を勉強する会」が発足。この会は、中立な立場で「正しい知識をもとに市民が納得して進められるよう、その根本となる法的根拠や行政の基本方針、根本的なルール、決定・建設のスケジュールなどの基本情報を整理し、また各地区における情報を交換すること」で納得のいくまちづくりをするために結成された。防潮堤計画を学ぶための勉強会は、三ヶ月弱の間に一三回開催され、述べ二五〇〇人が参加している。講師は防潮堤に関する政策やまちづくりの有識者から合意形成の実践者、行政、政治家と幅広い。

大谷海岸で示された当初の計画の防潮堤は、砂浜を埋め立て、海抜（TP）九・八メートル、底辺幅四〇メートルにも及ぶ台形型のものだった。震災前の防潮堤の高さは三メートルなので、三倍以上の高さになる計画だ。

「大事な砂浜がなくなる、海が見えなくなる」と、計画を知った直後に住民たちは動き始め、計画の一旦停止と住民意見の反映を求める署名活動を開始。大谷地区住民（一三〇〇世帯、三七〇〇人）を中心に一三二四人の署名が集まり、二〇一二年一一月気仙沼市長に提出された。砂浜を残したかった市の思惑とも合致し、市は「住民に砂浜を残したいという意向がある」ということで国・県と調整。その結果、住民・市・県・国の意向の合意を得た整備計画へと向かって進み始めた。同年一一月、三浦さんら二〇～三〇代の有志が集まって「大谷まちづくり勉強会」を結成している。

写真２　防潮堤について説明する三浦さん（岸上祐子撮影）

しかしその後、宮城県・気仙沼市から示された代替案は、いずれも国道のかさ上げがなされていなかったため、地元は受け入れなかった。

二〇一四年、大谷里海《まち》づくり検討委員会が結成され、大谷海岸周辺の具体的な整備計画案作成に乗り出す。検討委員会内で協議を重ねた。そして地元自治会と大谷地区連絡協議会として、二〇一五年、国道四五号線をかさ上げし防潮堤を兼ね、その背後地もかさ上げすることなどを記した要望を気仙沼市長に提出。その後、意見交換および各行政機関同士の関係者会議がなされ、大谷海岸中央部分の防潮堤はセットバックし、国道およびその背後地を防潮堤と同程度にかさ上げし防潮堤と一体化する変更が示された。

住民の合意形成を図るために

防潮堤建設の決定には、時間の制約がある。防潮堤計画が定まらないと、内側の災害危険区域の指定が決まらず、まち全体の復興の遅れにつながるためだ。危険区域に指定されると、「防災集団移転促進事業」や「がけ地近接等危険住宅移転事業」などで、被災の認定を受けた住居には、復興予算を使用した移転のための補助が各市町村から出る。一刻も早い生活の再建という皆の強い願いがある中で、どういう決着がいいのか。住民は手探りで着地点を見つけるしかない。

「この内湾地区は防潮堤の高さを決めないと、土地区画整理事業でのかさ上げ高が決まりません。もっというと、防潮堤の高さが決まらないと町の区画が決まらず商店を建てられないということだったんです」。

どこに住むか、どうやって生計を立てていくか。新たなまちづくりと同時に、自分たちの今後についても十分に考える時間も情報もない中で決断を迫られた住民も多い。

大きな商店ばかりではないので、決定までに時間がかかってしまうと商売を支えきれず、再建できなくなる場合もあるし、道路の付け替えによって立地条件が変化する場合や、再建したとしても自身の年齢から商売の行く末を考えざるをえない場合もある。

防潮堤を知るために、そしてこれからのまちづくりを考えるために、さまざまな勉強会が立ち上がった。防潮堤についての知識を高めることに大きな役割を担った「防潮堤を勉強する会」。前述の「大谷まちづくり勉強会」、そしてまちづくり勉強会の二年後に立ち上がった「大谷里海づくり検討委員会」は大谷地区の合意形成を担った会であった。「防潮堤を勉強する会」は地元でも有力者の男山酒造の菅原昭彦さん（気仙沼市震災復興会議委員・気仙沼商工会議所会頭）、（株）気仙沼商会の高橋正樹さん（気仙沼市震災復興市民委員会リーダー）が中心となり、ＮＰＯ、地元新聞社、タクシー、水産業、漁協の代表などさまざまな業種の人たちが、肩書によらず個人として参加した。

「二九人が発起人となって立ち上げた防潮堤を勉強するための会でした。参加者も、賛成、反対、中立、さまざまな立場でした」。どちらも年齢層も幅広く若い世代も参加した。

職業や立場を超え、より多くの共感を生むには、二つのポイントがある。一つは運営面の中立性の担保である。防潮堤を勉強する会では、勉強会では質問のみを受け取り、個人的意見などはすべて受け付けない形で会を進めた。

もう一つのポイントが共通する大切な想いの確認である。大谷地区では住民のアイデンティティともいえる大切なものは砂浜だ。大谷地区の一三の自治会の連絡協議会が大谷海岸の防潮堤に関する署名を集める過程で、被災の度合も違い、多様な意見がありながら、それでも共通する想いは砂浜を残すことだったと三浦さんは語る。かつて海水浴客でにぎわった楽しい思い出のある美しい砂浜を残したいという共通の想いは、防潮堤の賛成・反対といった意見とは別に存在する、譲れないものであった。

折衷案を導くために

三浦さんは「住民が共通する大切にしたい想いがあって、その後に防潮堤の是非や高さを決めればいい」と続ける。地域が大切にしたいものに対しては、異論はない。そこが、地域にとって宝物であり、心の拠り所となる場所であればなおさらだ（写真3）。

写真3　防潮堤着工前の大谷海岸（岸上祐子撮影）

加えて大谷海岸の防潮堤建設について住民合意に至るには、住民をまとめるために奔走した三浦さん自身の工夫も多い。その一つが言葉の選択だった。

「実は、大谷海岸の防潮堤に関わる活動をする中で僕は環境という言葉はほとんど出してないんです。防潮堤の議論では防災と環境という言葉がよく対立軸になります。その言葉を出すと〝アレルギー〟的に拒否反応をしてしまう人もいるので、話がまとまりにくくなってしまうんです」。

三浦さんは「活動家に見えないことも重要。活動家ととられると、その意見は一点しか見ていないように思われてしまいます。つまり対話の相手として見なされなくなってしまいます」と続ける。

さらに、「合意形成の場では、正義の主張をしない」とも語る。正義は、人によって違い、強すぎる主張は歩み寄れる余地がなくなることにもなりかねないからだ。

防災は命や財産など生活の根幹に関わる問題であるだけに、環境のみに重点をおいてしまうと反発が出やすくなる。実際に被災した人を前に、長い目で見た環境の大切さを訴えることには躊躇もある。被災した一人である三浦さんだからこそ、防災と環境保全の立場を考慮し体得した感覚が活かされる。

決着した堤防の姿

二〇二〇年完成を目指し、最終的に決着した大谷海岸の防潮堤は、二〇一五年八月に大谷地区振興会連絡協議会と大谷里海づくり検討委員会から提案した具体案を基に、高さ九・八メートルに国道四五号とその背後地をかさ上げし、防潮堤を兼ねることになった。これによって、念願の砂浜は震災以前と同等の広さが残される。

ただし、この案も最初からすんなりと各行政機関に受け入れられるものではなかった。最も大きな壁は、予算の問題だったと三浦さんは語る。砂浜周辺は町の中心部ではないため区画整理の対象にもならず、かさ上げしようにも予算がなかったのだ。また、防潮堤の後背地の国道の間にはＪＲの鉄道用地と道の駅もあり、防潮堤をセットバックさせること自体が困難を極めた。しかし一つ一つ課題を乗り越え、セットバックと国道かさ上げをセットにし、それによって後背地を利用するという案で、ようやく決着した。住民の思いをまとめ、粘り強い交渉によってできあがった案だ。

こうして大谷海岸では、なんとか反対派・賛成派それぞれの住民と行政の間で合意がとれ、かさ上げした国道と防潮堤を兼用する案で決着した。しかし、他の地区の防潮堤にまつわる人々の関わりも見てきた三浦さんは、残る課題を指摘する。

まず、防潮堤をめぐってできた賛成・反対の派閥は、方針が決着した後も、人々の間に心の溝となって残る。一度できた溝はなかなか埋まらず、前のように一緒になれない地区も存在する場合がある。

そして今後、海岸の風景がさま変わりしてしまうため、「次世代の人にとっては、この風景が当たり前になってしまう」と寂しさをこめてつぶやく。

防潮堤の法面についても悔いが残る。どうしてもコンクリート構造が避けられない点だ。それでも、今の姿はこれまでの粘り強い交渉が実り住民の意向をかなり反映されたものとなっていた。一部では防潮堤の前面を土で覆い、試験的な植樹も許された。砂浜の横に建つ、一九三五年開業し、震災後二〇一二年に営業を再開した老舗ホテル「はまなす海洋館」の前の防潮堤は、原型復旧で震災前の大きさとなったほか、滝根川から道の駅までの防潮堤は、そそりたつ壁ではなく、勾配一対一・五の緩傾斜堤でベンチ状の全面階段形式となるなど、親水性を意識したものに変更された。防潮堤に使用されるコンクリート製パネルには基準がある。厚さ五〇センチ、重さ二トン、それを満たしつつさらに大谷海岸用に階段の高さを四〇センチ、奥行一〇〇センチとなるよう仕様を変更した。

大谷海岸周辺の中心部の防潮堤の仕様の次は、漁港部分の防潮堤のセットバックや道の駅の活用に

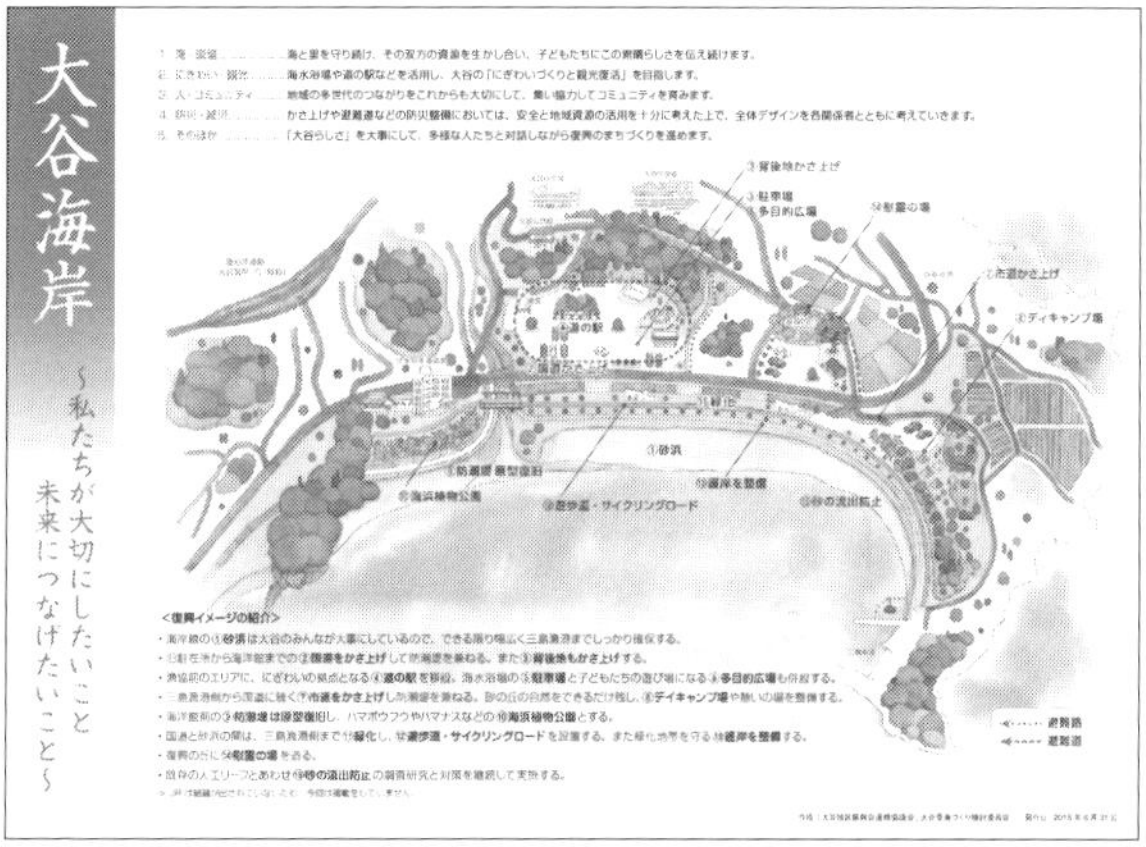

図１　住民が描いた大谷海岸の復興の姿
注：大谷地区振興会連絡協議会・大谷里海づくり検討委員会作成。

ついての話し合いも始まり、宮城県の水産漁港部や、市の計画調整課と観光課、産業課も話し合いに加わるようになった。三浦さんも、次の目標を目指す。

「大谷海岸は文化的な海とのつながりが残るよう形状をみんなで考えました、しかし、湧き水の流れのような物質的なつながりや生物的なつながりは防潮堤によってどうしても絶たれる部分があると思います。そのような課題に対し、地域が目を向け、解決に向けて取り組んでいけるよう、地域の自治をみんなで育てることです」。

海から川へかけての防潮堤建設でさま変わりしてしまった風景。命や財産を守りたい思いはみな同じだが、そのためにどのような方法をとっていくのか。人との関わりを濃密にすることからの地域の再生で、よりよい方法を見出そうとするすることは、大谷海岸に限らず、他の土地においても応用できるものとなるだろう。

蒲生に楽しい防災公園を提案した四七八日

――仙台の高校生で考える防潮堤の会

名取　佑
小川　進（顧問）

特別鳥獣保護区に指定されている仙台市宮城野区の蒲生海岸。ここには、七北田川河口から蒲生干潟にかけて防潮堤（長さ一三八二メートル、海抜七・二メートル）が計画された。地元の住民の意見は十分反映されているのだろうか。ふるさとの自然や歴史遺構保全のために、なんとか、防潮堤の計画を変えられないかと立ち上がり、自分たちでプランを練って、粘り強く交渉した高校生たちがいた。そのメンバーの一人、名取佑さんの手記を中心に紹介しよう。

活動のきっかけ

私たち高校生が地元の防潮堤について「自分で見て、自分で考える」ことを目標に、三年間活動しました。はじめにその活動がなぜ始まったのかについてお話します。

この活動の顧問（小川先生）は宮城県塩釜高校勤務の時に被災して、仮設住宅に住んでいました（二〇一七年二月現在）。顧問は自分の経験から、今後高校生がこれらの惨状を継続的に学習してゆくよい方法がないだろうかという考えが頭から離れずにいました。そして津波痕を測量して標識を設置する活動を思いつきました。ところが三月に予期せず宮城県多賀城高校に転勤になってしまいました。そこで顧問が担当する物理の時間に希望生徒を募り、そのメンバーが他校の友達を誘い、学校を超えたチームができました。

写真１　学校の枠を超えて集まったメンバーたち（以下すべて小川進撮影）

塩釜や多賀城市の多くの家屋は津波では倒壊しませんで

したが、当時ほとんどの家にはなんらかの津波の痕がありました。といっても窓の格子や看板の裏側など、特別な場所にしか残っていません。それをみなで手分けして探し出し、そこから電柱まで水準器で高さを測量するのです。ひと夏このような活動を続けていたので、このチームには部活のような意識のつながりができていました（写真1）。

衝撃を受けた防潮堤建設の説明会

偶然に津波痕測定チームには七ヶ浜町の中学校と仙台市高砂中学校からのメンバーが多くいました。顧問から高砂中学近くの蒲生《がもう》に防潮堤計画があることを知らされた時、どういうものなのか状況を知りたいと思いました。

一二月二八日に環境団体の方や住民の方から、蒲生干潟にかかる場所に計画されている防潮堤について説明を受けました。高砂中学の卒業生にとっては、小さい頃に潮干狩りをした干潟に防潮堤ができることは衝撃のようでした。

一月になって顧問から「命を守る森の防潮堤の学習会」に誘われたので、数名で参加しました。興味を引かれたのは、盛土した堤防が津波で流されないようにするには、表面をコンクリートで覆う方法だけでなく、ほかにも方法があるということでした。そして堤防に密集して植樹された防潮堤は津波に耐えるとのことでした。つまり緑の防潮堤なら素人でも計画することができるということです。

数日後、学習会に参加しなかったメンバーにも森の防潮堤の説明を行いました。話を聞いて興味を持つ人と、そうでもない人がいましたが、顧問から「難しいことを考えずに、子どもの遊び場になる防潮堤を考えればいいんだよ」と言われて、高砂中出身者たちは子どもの頃に仙台市荒浜の冒険広場で遊んだ記憶がよみがえったようでした。これでみんなやる気になりました。

第一案「楽しい防潮堤」

その後、他の高校に進学した同級生からも意見を聞きながら、子どもの遊び場となる防潮堤をイラストにしました。そして蒲生の住民会合で「楽しい防潮堤」を発表しました。これが第一案です。この案は今から思うとただ遊び場を考えただけのものでしたが、お年寄りから「みなさんが防潮堤を考えている場所には昔、舟入堀という運河があって、自分たちは小さい頃、そこで遊んだよ」というお話を聞きました。私たちの案では防潮堤を運河跡地の上につくることにしていたのです。このお話から干潟だけではなく歴史も学ばなくてはならないことを知りました（写真2）。

第二案「緑の防潮堤と歴史冒険広場」

蒲生の郷土誌をみんなで回し読みしました。そこで初めて蒲生が仙台藩の貞山《ていざん》運河と関わりある特異な歴史を持っていることを知りました。そのあと、子どもの頃から親しみのあった七北田《ななきた》川の堤防のお地蔵さまなども残せるように、緑の防潮堤の位置を決めました。そうすると防潮堤の海側に大きな公園ができます。そこに住民の方にとったアンケートをもとに遊具を配置しました。こうして歴史冒険地区と自然観察地区に分かれる海浜公園の第二案ができました。この案を見てたくさんの人が集

写真2　第2案を手にするメンバー

図1　できあがった第2案

まる場所になると私たちメンバーは確信しました。

第二案の発表も、地元住民や環境団体などのみなさんが集まる中での発表でしたが、何度も練ってきた構想なので頭の中にしっかりとしたイメージができて原稿を見る必要もなく紹介できました。終わった時、大きな拍手と「いいね」「すごいね」などの声が聞こえました。

この第二案はとても好評で、このあと九月までに一一回もの発表を行うことになりました。最初に高砂市民センター二階の和室を会場に地域住民への第二案の発表が行われました。この時はアンケートに協力してくれた中学生の後輩たちも参加してくれました。多くの方に集まっていただき、発表も大変好評でした。発表が終わったあとも絵地図を囲んで中学生と冒険広場に負けない楽しい公園にしたいと話していました。

夏休みの聞き取りと自主学習

口頭での発表だけでは提案の広がりが限られるので、図録と原稿を一緒にした冊子も二万部つくり、仮設住宅などにみんなで配布しました。休みの日に回って冊子をお渡しするのですが、「がんばってるね」と言っていただく家庭と受け取りを断られる家があり、住民の関心がバラバラなことが分かりました。全体的に関心は低いような印象でした。当時、みんな住まいを失い、それどころではなかったのだと思います。

また夏休みには発表以外にもいろいろな学習活動を続けました。それは顧問の「高校生だからといって提案だけでは無責任。提案したらそれを実現させつつ、内容をより高めてゆく努力をしなければいけないな」との話にみんなが納得したからです。そこで六月の終わりに夏の活動計画を立てました。その結果、①震災当時の学校の先生から学校での話を聞く、②仮設住宅のみなさんから昔の蒲生について話を聞く、③蒲生に来た津波の方向を調べる、④蒲生の歴史遺産について文化財保護審議委員から意見を聞く、となりました。

野次の後の拍手、復興委員会での発表

夏休みも終わった九月七日、蒲生復興委員会での発表は忘れられないものでした。復興委員会は蒲生の四区長と七自治会長で構成され、行政から災害復興や区画整理の状況説明を受ける委員会で、この会の意見が地域住民の意見と見なされていました。

四月八日の地域住民への発表の時に、この復興委員会でも提案・紹介する予定でしたが、その時には実現せず、五ヶ月経ってようやく手にした機会でした。復興委員会は土地売却の利権がか

写真３　硬い雰囲気で始まった復興委員会

らむためか、とても硬い雰囲気の会でした。会場に入るとすぐに「忙しいんだから早くしてくれ」と野次られ、緊張の中で発表が始まりました。しかし発表は一〇回目でしたので順調に終わり、すぐに大きな拍手が起こったのです。意外でした（写真3）。

防災を意識した公園案へ

二〇一五年三月に仙台市で開催される第三回国連防災世界会議への参加を勧められて、顧問が事務局に相談に出かけました。

担当者の女性は、震災当時は宮城野区役所で勤務だったそうで、高校生の会の活動も知っていて、とても好意的だったそうです。ところが「高校生のみなさんの提案は素晴らしいのですが、このままでは参加できません。それは防災についての提案がないからです」ということでした。確かに防災については、公園内に避難のための丘設置くらいしか考えていませんでした。みんな困ってしまいました。

国連防災世界会議事務局からの指摘を受けて、防災機能も持つ東京の葛西臨海公園へ視察に行くことにしました。事前に自分たちで防災公園の定義や五つの種別、江戸川区の高潮対策などを学習しました。案内は臨海公園の水族園元園長Sさんが引き受けてくださいました。事前の学習で防潮堤の陸側しか防災公園として認められないのかと尋ねると、Sさんは多くの人がランニングをしている園路を指して、この道の下に防潮堤が埋まっていると仰いました。これには一同、本当に驚きました。葛西ではこの防潮堤より陸側が防災公園、海側が海岸保全区域となっており、この形はそのまま蒲生の案に利用されることになりました。また公園から水上バスでさまざまな場所に行くことができるようになっていて、その路線の多さに東京湾の臨海部分の充実ぶりを感じました。私たちが提案する蒲生の貞山運河もこういった活用の方法があるかもしれないと嬉しくなりました。その後クリスタルビュー（展望デッキ）から見えた海の景色と、その前面に広がる汐風の広場に憩う人々の姿を見て、震災後、人がいなくなってしまった蒲生にもう一度こんなふうに多くの人が集まって笑顔になれたらと、決意を新たにしました。また館内には、三〇年前、江戸川区にあった高さ七・八メートルの防潮堤の写真が展示されていました。東京都はこの時、防潮堤が海と陸とを隔絶してしまうとの反省があって、葛西臨海公園をはじめ多くの臨海公園をつくったのです。それにもかかわらず、被災地ではその反省が活かされることなく過去と同じことが計画されています。大きな失望と疑念を感じると同時に、使命感も生まれました。

第三案の始動

一時避難場所の検討

葛西臨海公園の視察を参考に構想の練り直しに入りました。

津波の時に蒲生干潟に一番近かった避難所である中野小学校には六〇〇人が避難し、ほかにも岡田小学校や高砂市民センターなども避難場所になりました。市は沿岸部には一一ヶ所の避難タワーを予定していましたが、中野小学校跡地周辺には計画がありませんでした。蒲生の昼間人口を三三〇〇人と想定しており、避難タワーが計画される沿岸部より多くの人がいるにもかかわらず、です。また、車で避難した方が高齢者もスムーズですし、そのまま宿泊も可能で、やはり中野小学校跡地に高台式の避難場所が必要だと考えました。

避難路の設定

サーファー駐車場は、津波の時六〇人が避難しましたが、その後孤立しました。避難路が必要です。中野小学校跡地の高台とサーファー駐車場の二ヶ所をつなぐ防潮堤を兼ねた避難路を考えました。こうして二つの避難場所とそれをつなぐ避難路で形成された防災公園の構想ができました。

海岸保全区域の活用

葛西臨海公園と同様、蒲生の防災公園の海側は広い海岸保全区域になります。この海岸保全区域にさまざまな施設を置くことができるのは葛西の例から分かっていましたので、一般の公園として考えました。

第三案の実現へ向けて

葛西臨海公園の視察を参考に完成した第三案は二〇一四年一一月九日に行われたシンポジウム「蒲生干潟と防潮堤」で初めて、二五分の持ち時間で発表しました。具体的な提案が高校生の会だけだったこともあり、好評でした。しかし終了後、関係者は環境省に提出する蒲生干潟保全の署名集めの話に終始し、私たちの提案への言及はありませんでした。この頃から、干潟保全重視の環境系団体と高校生の会との方向の違いを少しずつ感じ始めました。

私たちは独自に第三案の提案活動を始めました。まず、仙台市水族館に移行することになっていた松島水族館を訪問しました。私たちの考えた第三案は葛西臨海公園のように、蒲生干潟の後背地に水族館があることが理想でした。しかし建設はもう始まっていましたので、水族館と干潟を見学バスで結び、現地に見学施設をつくる提案をしました。館長さんは丁寧に私たちの話を聞いてくださいましたが、新しい水族館は運営会社がやっているので難しいとのことでした。提案の後、館内を見学させてもらいました。やはり親子連れが多く、私たちの構想が実現すれば蒲生にもこんな親子の笑顔があふれるのではないかと希望を抱きました。

蒲生住民説明会（一）——二〇一四年一二月二〇日

これは、防潮堤建設が決定される会でした。私たちは七ヶ浜の防潮堤で県河川課と住民とのやりとりを傍聴した経験があったので、とても緊張していました。会は土木部長の陳謝から始まる異例のものでした。それは土木部が防潮堤を陸側へずらす変更案を関係審議会に説明したあと、住民への説明を忘れていたためです。県の計画説明のあとの質疑では、ものすごい剣幕で「俺は絶対に土地は売らない」と発言している人もいました。そこには息子さん二人を亡くされた無念さと、防潮堤への憤りがあふれていました。そのあと反対意見多数のまま時間が迫ってきました。するとこれまで圧倒的に反対意見が多かったにもかかわらず、司会は「閉会の時間が近づいて参りましたので、この案でなんとかお願いできませんでしょうか」とまとめようとしたのです。そのため会場からは罵声が飛び、最終的に一月にまた説明会を開くことで決着しました。

私たちはこの光景に呆然としました。しかし、この時なぜ行政側がこれほどまで強引に承認を得ようとしていたのか、二年後の二〇一六年の夏に分かりました。この時点で、県土木課は防潮堤工事の仮発注をしていたのです。つまり、どれだけ反対意見が出たとしても最初から賛成の方向でまとめあげるつもりだったのでした。

「税収が上がらない」ことが問題なのか

二〇一四年の仕事納めの日に私たちは自治体に第三案の提案をしました。仙台市では復興事業局や文化財課などに提案をして回答をいただきましたが、区画整理事業が成り立たなくなる、遺跡は写真で残すという方法もあると非常に消極的でした。県庁でも再び提案をしました。土木次長さんからはお褒めの言葉をいただいたものの、防潮堤の位置の変更は難しいとの回答でした。また復興局長さんからは「公園では税収が上がらない」と収益性の問題を指摘されました。これに対し高校生の会のメンバーの一人が「お金も大事だと思うけど、それでは日本の自然や歴史はなくなってしまうと思う」と意見を述べました。お金に換えることのできない大切なものもたくさんあると私たちは考えていました。

指摘された収益性の問題に頭を悩ませつつも、年明けから三月の国連防災世界会議のために自分たちも他の防潮堤を見

写真４　すでにできあがった防潮堤を見学するメンバー

学することにしました。二〇一五年一月一一日、宮戸島の防潮堤、翌日に野々島・桂島の防潮堤に行きましたが、各浜で状況が異なるにもかかわらず同じ防潮堤がつくられていることに疑問を覚えました（写真4）。

蒲生住民説明会（二）——二〇一五年一月一七日

年末に引き続いて二回目の蒲生住民説明会が開かれました。しかし雰囲気は前とはまったく異なり住民の方々に勢いがなく曖昧な意見に終始し、最後は県の担当者が「この計画でよろしくお願いします」とまとめてしまいました。その時、前回のように罵声が飛ぶことはありませんでした。

住民からの反対の声もなく決まったことに私たちはショックを受けました。すべての可能性があっさりと閉ざされてしまったのです。説明会後、市民センターに残って今後について話し合いをしました。私たちの案は防潮堤計画が決定したことにより実現の可能性がなくなりました。これでは国連防災会議では実現不可能な絵空事しか発表できません。しかしあまりに突然のことで結論は出ませんでした。翌日の新聞各紙には「一定の理解が得られた」「概ね合意」という見出しが躍りました。実際はそのような説明会ではありませんでした。

公園の収益性を入れた第四案

私たちの、子どもたちの未来にこの場所を残したいと、これまで真剣に考えてきたことは、泡のようにあっけなく消えてしまいました。実現の可能性はもうありません。でも国連防災世界会議の参加を決めなくてはいけない時期が来ていました。そんな時、顧問に横浜の高校生（グローパスという会社のCEO）から連絡がありました。三月一六日にジュニア防災会議を開催するのでそれに参加してほしいとのことでした。顧問が自分たちの案には実現の可能性がないことを話すと、その高校生は一度会ってほしいと提案してきたのです。後日お会いしてこちらの事情をお話すると、自分たちに考えさせてほしいとのことでした。そして彼らが再び仙台にやってきた時に提案された内容は、次の四つです。

①防潮堤の後背地を企業が買い取り公園とする。
②収益性を確保するために、プロジェクションマッピングの常設館をつくる。
③フランス人映像作家の常設館を設置する。
④常設館の上には、有名スケート選手が多い仙台らしくスケートリンクをつくる。

わずか一週間ほどでこれほど具体的な提案を考えてきてくださったグローパスさんに一同本当に驚きましたが、同時にこれならまだやれるかもしれないという希望も湧いてきました。私たちの第三案にグローパスさんの提案を加え、葛西臨海公園のイメージもプラスして第四案となりました。

第四案は企業買取公園とする提案だったので、国連防災世界会議にあたって仙台港を使用している企業を中心に一〇五社へ案内を出しました。ここで企業が関心を示してくれれば、まだ公園実現の可能性は残るからです。国連防災世界会議にはほかにも参加している高校生たちがいましたが、高校生主催のパブリックフォーラムは珍しかったようで、新聞社や地元放送局などが宣伝してくれました。

当日は平日でしたが、学校から公認欠席をもらったり担任の厚意で出席扱いにしてもらったりして何とかメンバー全員揃いました。一〇〇脚ほどあった椅子は順調に埋まりほぼ満席でしたが、企業からの参加は三社だけで、大企業はありませんでした。国連防災世界会議前に訪問し提案をした際に、前向きに検討すると言ってくださっていた企業も参加してもらえず、非常に残念な結果でした。発表後の質疑応答では好意的な意見があり嬉しかったのですが、企業買取という最後の現実的な可能性が断たれ、今後の動きはまた見通せなくなりました（写真5）。

守りたいものを、どうやったら守れるか

状況が閉ざされてくる中、高校生の会の中でも意見の相違が目立つようになりました。みんな、どうしたらよいのか分からなくなっ

写真５　国連防災世界会議で発表する様子

図２　国連防災世界会議で提案した第四案

ていたのだと思います。それは私も同じでした。しかし、みんなと会話をする中で「蒲生に住民が関われなくなるのを避けたい」という思いは同じだと気づき、「県の計画通りに防潮堤ができる中で、私たちに何が提案できるのか」を考えるようになりました。「公園」という形にこだわるのではなく、その本質にある「守りたいもの」をどうやったら守っていけるのかを考えたのです。

そして全員でまとめたことを二〇一五年四月二〇日に仙台市と宮城県に提案したのです。内容は、①浜松方式の防潮堤を採用する、②お地蔵様は河川堤防改修後も同じ場所に設置する、③中野小学校跡の公園用地をお蔵と舟溜りの部分に移動して遺跡の保全を図る、④養魚場への水門の設置、の四点でした。水門とお地蔵様以外については前向きの回答はありませんでした。この日では四七八日にも及ぶ「仙台の高校生で考える防潮堤の会」の活動は終結しました。

私たちの提案は夢ではない

最後の提案のあと、高校三年生だった私たちはそれぞれに復興への想いを持って進路実現のために受験勉強に入りました。あの頃の活動を振り返ると、苦しい思い出の方がはるかに多い四七八日でした。できないことを挙げ、よりよいことを考えようとしなかった行政、褒めるばかりで終わる大人たち。「素晴らしいね」「こんな夢みたいな案が実現できたら素敵ですね」と言われ、「夢じゃないのに」「私たちが見つめているのは現実なのに」と思い続けてきました。でも守りたかったものは、ほとんど守ることができませんでした。

現在も、蒲生の歴史遺産を地域の人たちが関わることができる場所として残す活動をしている人たちがいて、私はそれを見守り続けています。しかし、それが仮に成功したとしても、守ることができるのは一部だけです。そして守れなかったものはもう戻ってはこない。その現実を私たちは受け止め、変わっていくこれからの蒲生を見ていかなくてはいけないと思います（図2、3）。

図3　478日の記録をこちらで公開しています

むすび　生物多様性や生態系は復興にどんな役割を果たしたか

河田雅圭
中静　透
岸上祐子
今井麻希子

東日本大震災は、日本の過去数百年の歴史の中で経験したことのない規模の地震および被害であった。第Ⅰ部から第Ⅳ部までにおいて、このような大規模の災害の後の復興に、それぞれの地域の方々がどのように復興に取り組んでこられたについて、「グリーン復興」という観点から、現地の住民の方々の心情を含めて紹介してきた。本章では、この復興の中で「海と田んぼからのグリーン復興」のような考え方が、どの程度活かされ、復興に貢献できたのか、また、取り組みにおける問題点や今後に向けての提案などをまとめてみたい。

「グリーン復興」から見た復興のポイント

東北地方、とくに沿岸地域は、豊かな自然環境が残されていて、漁業や農業など第一次産業で生活を支えている人が多い地域である。しかし、震災以前から人口減少による過疎化や後継者不足による漁業、農業の衰退が危惧されてきた。大震災は、この流れを加速したともいえる。一方では、東北地域だけでなく、日本全体で一極集中のリスクや分散型の社会の利点も明らかとなり、改めて長期的な視野にたった持続可能な地域振興につながる震災復興の重要性が浮き彫りになったのではないだろうか。その方向性の一つがグリーン復興であると考えることができる。多額の投資による人工的なインフラ整備による復興や、そうした一時的な土木工事に頼った振興ではなく、地域の自然を活かした水産物や農産物、地域の特性を利用した商品開発や販売促進、地形や自然を活かしたまちづくりや観光産業などが持続性の高い地位社会の基盤となることが、改めて示されたのではないだろうか。復興初期には国からの復興予算があったものの、いつかは途絶える。復興予算が途絶えた後も、いかに持続的に地域を維持するかが問題となるのである。

グリーン復興の理念は、序で述べたように、地域が持っている自然資本やその特徴を的確に知り、それらを低下させない形で復興することによって、持続的な地域の営みや経済活動を目指すことである。つまり、①地域の持つ自然資本とその固有性を理解し、②どのような構想が、生態系サービス、自然資本を経済的・社会的に活かせるのか、③生態系サービスや自然資本を持続的に保ちながら、災害対策や地域復興をするにはどうしたらよいか、そして④それらの構想をどのように地域に実装していくのか、という課題を解決していく必要がある。

①については、地域が伝統的に利用してきたものがあるはずなのだが、もう一度地域の自然を見つめなおし、新たな宝を発見するための科学が必要となるだろう。②はそうして発見できた地域の宝を、現代的な価値や、社会経済状況などから評価しなおし、新たな産業や仕組みへとつくりあげる作業である。③では、そうした産業や仕組みの中に防災・減災や生態系サービスの保全というような新たな評価基準を持ち込むことである。④で重要なのは、そうした仕組みを地域社会で動かすために必要な、伝統的に発展してきた地域に対する気持ちや人間関係（社会関係資本）の力である。これらのプロセスの中で、行政やNPO、さらに地域内でのネットワークや地域外部の人材やアイデア、さらに連携関係がうまくつながることが重要と思われる。こうした点を震災直後から意識していた地域もあったであろうし、できていなかった地域もあると思う。また、さまざまな復興に関する厳しい状況の中で、（やむをえず）失われたものもあるかもしれない。しかし、これらの点は、災害復興だけではなく、衰退しつつあるといわれる地方に共通した問題点であり、東北地方だけの問題点ではない。

本書で紹介した事例をどう読むか

本書で紹介した南三陸と浦戸諸島における復興の取り組みは、グリーン復興としてどのように見ることができるだろうか？　第Ⅰ部で紹介した南三陸は、地域の自然資源を利用したまちづくりが震災以前から計画されており、グリーン復興と同じ理念がもともと共有されていた。そうした地域の高い意識があるところに外部からのインプットがあり、バイオマスエネルギーやカキ養殖と森林での認証取得など、地域の自然資本を重視した地域復興が実践されてきた。現在、南三陸で地域振興を推し進める個人やグループが東北大学などの研究者と協力して、持続可能な地域社会をつくるための研究および実践がスタートしており（Next Commons Lab）、復興に限らず全国の地域と協働して自然資本を活かした持続可能な地域づくりを目指す形をつくりつつある。

一方、浦戸諸島では、震災前から顕在化していた人口減少、過疎化、高齢化が震災によって著しく加速された。このような状況の中、できるだけ住民が希望をもって長く島で生活を続けていくにはどうすればよいかが模索されてきた。インタビューの中にもあるように、人口減は避けられないし、経済的に大きく発展するというような期待は難しい。しかし、島に棲むことの魅力を信じており、一度島を出た人たちが将来島に戻ってきたり、移住を考える若い人が現れたりした時、島で生活できる基盤を築ける土台を少しでも残しておきたいという活動を望んでおられる。そして、その土台は自然資本なのである。その中で浦戸の自然を活かした事業がいくつか実施され、「うみたん会議」は外部者としてそうした機会づくりに少しだけ協力できたのではないかと思っている。

震災後、現時点まで自然を活かした活動で持続的な地域の形成に成功したといえる例をあげることは難しい。今回の震災復興の例ではないが、島根県海士町《あま》などは地域創成の先進的例として紹介される。海士町は急激に人口が減少していた島であったが、行政によるさまざまな取り組みで、現在では人口減が止まるまでになっている。しかし、山内道雄海士町町長は、海士町には成功事例はまだなく、挑戦事例はいくらでもある、とインタビューに答えている（日本経済新聞二〇一七年五月一〇日）。持続的な地域社会の創成には、常に課題に挑戦し続けることが重要なのかもしれない。震災の被害を受けた地域は、こうした地域に較べるとマイナスからのスタートといえる。しかし、一方では震災が将来をにらんだ大きな転換のきっかけになっているといえるかもしれない。

地域には、これまで気づかれずに埋もれてきた資源が眠っている。震災によって、それまでの生業や産業の基盤を失った状況となったからこそ、こうした新しい宝を探す作業が重要になった側面があるのかもしれない。しかし、地域の宝の多くは地域の自然や生態系に特徴的なものであるが、時には地域にずっと住み続けた人たちよりも外部の人の方が発見しやすい場合がある。南三陸や浦戸でもそうした例は見られるが、金華山でもそうであった。

また、伝統的な農業システムの中には、長い時間に蓄積された知識が生きている。「ふゆみずたんぼ」はその典型的な例であり、被災を受けてもわずかな時間で回復したレジリエンスの高いシステムといえる（回復力が高いこともレジリエンスの定義の一つである）。現代の農業は、土地の労働生産性を上げるために、エネルギーや物質を大量に、かつ短期効率的に投入するシステムとなっているが、災害時によってこうしたシステムが破壊されると、回復に時間がかかる。このように、平時の効率は高くても災害時のリスクや回復力をあまり考慮しないシステムを見直すことが、レジリエントなシステムにつながる。生態系のモニタリングデータは、海岸や水田といった生態系の回復力が高いことを示しており、回復が遅れるのは、主として人間が回復に時間のかかるインフラをつくっていることに起因していることが分かる。津波や洪水などを被災する頻度を想定して、もっと柔軟なシステムを発達させる必要があるのではないか。

自然や生態系を利用した防災・減災の大きな特徴の一つは、災害時以外に大きなメリットがあることである。人工構造物は、防災・減災に特化して、その目的を想定通りに果たすことを期待してつくられる。一方が、自然や生態系を利用した防災を考えると、干潟や藻場、海草場が保全できて水産資源が涵養される。また海水浴や海岸の美しい風景も保たれる。こうした多面的メリットと防災・減災の効果を総合的に判断した上でのレジリエンスの考え方をすることが必要である。その意味では、防潮堤問題に代表されるように、こうしたオプションが示されなかったり、理解されないうちに地域の意思決定がなされたりという状況は、多くの場所で起きていたと思う。「うみたん会議」では、ここで紹介した地域のほかにも、この問題は少なくない場所で起きていることが報告されており、中には地域の人たちの間にも大きな対立を生じた場合もあった。震災直後は、こうした点についてじっくり議論をする時間や精神的余裕がない場合が多いが、大谷海岸で行われたような意思決定プロセスは、今後に大きな参考になる。また、蒲生海岸のように、地域に住む若い人たちの柔軟な発想が新鮮な提案をもたらした例もある。ただ、全体的に今回の防潮堤の問題に関していうと、地域の選択肢や意思決定の方法に柔軟性がなかった。今後も災害は起こるであろうし、気候変動によって災害が増加する可能性も指摘されていることから、災害に強い地域のあり方を選ぶ柔軟な考え方や、それを選択する意思決定のあり方は大きな教訓を残したといえるだろう。

自然や生態系は、こうした防災・減災の考え方や回復力、災害時以外のメリットなどだけでなく、地域のネットワークや外部との人間的つながり（社会関係資本）を築いてゆく上でも重要な役割を果たしていた。前浜のツバキは、地域の伝統や風習のシンボルとなり、それを通じた地域コミュニティの人間関係（社会関係資本）が震災後の復興や外部とのつながりに大きな役割を果たしている。その点は閖上のマツ林でも同じである。

こうした復興の動きの中で、「うみたん会議」に集った私たちを含めた、地域外の人間がどのように関係するかも重要な問題である。ボランティアのような形で物理的な支援をすることも重要なことであるが、回復のプロセスの中で、地域の宝の発見やその有効な利用方法に関するアイデアを提供する視点は重要であっただろう。それと同時に、前浜のツバキや、閖上のマツなどに見るように地域の自然や歴史が、地域の外と内をつなぐきっかけにもなっていることは、忘れてはいけない点だろう。

グリーン復興の主流化について

残念ながら、グリーン復興のような考え方が、国や県などの行政レベルで、十分浸透しているとはいえないのが現状である。とはいえ、当初から「海と田んぼからのグリーン復興」会議（うみたん会議）に、環境省の方も参加されており、そのこともあって、二〇一二年には、環境省が三陸復興国立公園の創設をはじめとしたさまざまな取り組みの中で、「国立公園の創設を核としたグリーン復興――森・里・川・海が育む自然とともに歩む復興」と位置づけられ、私たちの提唱した「グリーン復興」に近い理念が基本とされた。

しかし、復興全体の方向は、こうした自然や生態系を重視した方向性というよりは、狭い意味でのリスク削減や経済を重視した政策だったように思う。ナショナル・レジリエンス（強靭化）懇談会でもそうした議論が主流であった。確かに、震災後制定された国土強靭化基本法やアクションプランでは、レジリエンスという概念を取り入れ、単に災害に強いハードウエアをつくるだけでなく、ソフトウエアにも注意が払われたし、一極集中を避け、分散型の社会構造を考えるという新しい方向性が見られた。しかし、自然環境に関しては、「復興にあたり環境にも配慮する」というような点が盛り込まれたに過ぎなかった。実際に、防潮堤はこれまでよりも災害に対して頑健な構造にするために、生態学的にも地域産業としても価値の高い干潟や藻場などに対する影響もあまり考慮されず、しかも現地の方々の意見を十分反映させたとはいえない形で決定されていった。住民の方々も、震災後の混乱の中で、こうしたことの重要性が最優先というわけにはゆかなかった事情もあった。しかし、さまざまなところで行われた防潮堤に関する取り組みを見ると、どのような方法を選ぶのかは、実はその地域の重要な選択なのであり、そうしたオプションの存在を知ると同時に意思決定を主体的に行うことが重要であった。

一九九三年、二〇〇人以上の死者・行方不明者を出した北海道南西沖地震では、震災後、産業の振興がふるわないまま人口流出に歯止めがかからず、防災のために整備したハードの維持費用は、人口の減った奥尻町にとって重い負担となっている。序で指摘したように、ハード面に偏った復興が本当に地域の将来につながる復興となるのか、ここで一度立ち止まる必要を感じた人は多かったのではないだろうか。

震災後数年を経て、少しずつ自然や生態系の重要性や、それがもたらす利益が意識されるようになったのではないかと思っている。「うみたん会議」にも、たくさんの方々が参加していただき、さまざまなご意見や活動を紹介していただいた（巻末資料参照）。そうした中で、ネットワークも広がり、さらに多くのこうした考え方に賛同してくださる方の存在が明らかになってきた。ナショナル・レジリエンス懇談会でも、自然や生態系を活用した防災減災の動きが少しずつ見えるようになって、本書で述べたように、そうした考え方は地方創成とも関連するという認識が出てきた。その結果、二〇一六年の国土強靭化アクションプランには「グリーン・レジリエンス」という語も仮称ながら盛り込まれ、生態系を活用して平時の地方創生、災害時の防災・減災という考え方が、盛り込まれている。一方で、二〇一七年一月になって、宮城県は、震災後の防潮堤や河川堤防の建設に関して「生態系を破壊する」などの批判が出たことから、ようやく環境への影響を抑える意見をとりまとめ、今後の災害復旧工事に反映させる、若干の方向転換をした。

こうした流れは、「海と田んぼからのグリーン復興」の理念が少しずつ活かされてきていることを示している。このような配慮を、震災直後から進めることができなかった理由には、さまざまな原因が考えられるが、未来に関していえば、グリーンレジリエンスの有効性などが示され、理解が災害に先駆けて浸透していれば、今回の震災よりもはるかにレジリエントな社会になることは間違いない。

グリーン復興というオプション

グリーン復興は復興の一つのオプションであり、すべての場合に有効であるとはいわないが、東北地方だけでなく多くの地域で検討すべきオプションだといえる。このオプションを実際に地域社会へ実装していくためには、具体的なプロジェクト内容の構想の中にこうした考え方を入れた計画をすることが必要となるが、そのためには行政や住民にこうしたオプションの存在を知ってもらう必要がある。紹介してきた南三陸、浦戸諸島ともに住民が自然資源を活かす、という共通な認識が浸透していたことは、オプションが選ばれる上では有利に働いたかもしれない。しかし、震災後数年間でさまざまなところで、さまざまな立場から同じような声が上がってきたことからも考えられるように、すでに地域の人たちには、こうした考え方を感覚的に、あるいは体感として持っておられたのではないかと思う。

しかし、グリーン復興というオプションがさまざまな地域において今後実践されていくためには、グリーン復興という考え方が従来の事業例との比較においても、有効であることがもっと示されていくことが必要と思われる。多くの地域がまだ復興途上にあるものの、この本で紹介した事例が今後そうしたモデルになればよいと思っている。

地域での取り組みを進める上で、欠かせないのが、住民、行政、企業支援団体や企業などの連携した取り組みである。震災後、各地方自治体は、震災復興計画、市の総合計画の策定など重要な意思決定に復興委員会が関わることが多い。この委員会に、どのように住民の意見が集約されるが重要である。震災後、こうした委員会と連携し、あるいは独立に、さまざまな形で住民会議やワークショップなどが開催され、話し合いが実施された。そういった会議や話し合いの中で、コーディネータがどのような提案をするのか、あるいはどのように話の方向性を持っていくのか、という点が、住民の合意の方向性を決めるのに大きく左右する。建設的な話し合いのもとに住民間で合意し、行政に方向性を提案できるかどうかは、震災以前からの地域コミュニティの体制が重要である。今回の震災では、こうした意思決定のための努力が十分に行われたケースもあったが、むしろ不十分なケースが多かったのではないか。震災を経験することで、地域が抱える問題が顕在化し、自分たちの課題をいかに解決していくか、という問題を真剣に考えるきっかけになった人も多い。地域の状況を考えた、柔軟なやり方が重要であり、実際に浦戸諸島では、「現状を維持するだけという選択肢もある」という話し合いの中から、できることやっていこうとする意識の変化があったというケースもある。

また、こうした意思決定作業の中で、女性や若い人たちという、これまでの地域では、ややもすると重要な意思決定に参加できなかった、あるいは参加しにくかった立場の方々の参加が大きな効果をもたらすこともあった。さらに、地域の伝統的な行事や祭祀などを通じた人間関係(社会関係資本)が、こうした意思決定の場をつくったり、方向づけをしたりする上で重要な役割を持っていたことも分かる。女性と若者たちが考えたことの中に、あるいは伝統的な行事の成り立ちの中に、自然や生態系との強いつながりを感じたのも印象的であった。

つまり、グリーン復興の考え方は防潮堤のあり方や土地利用といった技術的な問題だけでなく、住民の生き方や地域の意思決定の方向などに関しても、重要な役割を果たしていることを強く思うのである。

今後の「グリーン復興」

現在、人類活動による気候変動、生物多様性の喪失、物質循環変化、資源の枯渇、土地利用変化などの急激な変化により、人類はすでに取り返しがつかなくなる可能性の限界を超えてしまっているという指摘がある。震災後、取り組んできたグリーン復興は、このような地球規模課題の解決の動きを、災害後の復興という形で持続的な地域を目指す活動ととらえることができる。今後は、大きな地震災害を含め、災害にとどまらずさまざまな地球規模で生じる問題を地域でどう解決していくかという、オプションとして、災害に強い自然資本を活かした地域の持続的生活という理論と実践が必要になってくると思われる。

東日本大震災は、日頃地域が抱えていた問題をあぶりだし、時には思いきったシステムの変更、あるいは、問題の深刻化のきっかけになった。しかし、ここに表れた問題は、東北地方に限らず、多くの地域で抱えている課題と相似形だ。被災地でのさまざまな取り組みが、日本各地における課題解決や防災について、長期の視点を持って考える時のヒントになるものであると思う。

今回のプロジェクトを通じて、私たちは、自然資本と同時に、地域の豊かな人のつながりや多様な視点を受け入れる力（社会関係資本）の必要性が重要な要素であると気づいた。そして、社会関係資本の形成には地域の自然が深く結びついている。

「うみたん会議」で紹介されたグリーン復興に関する事例（順不同）

（一つの活動がその進展にそって何度も紹介された例も多い）

干潟の生物モニタリング（東北大学）
ふゆみずたんぼ（NPO 法人田んぼ）
ガレキ撤去の現状と問題点について（東北大学）
地元の自然資源の地元経済での活用（東北サイコウ銀行プロジェクト）
岩手海岸部の農業復興計画（盛岡農業高校）
仙台白菜（明星高校・リエゾンキッチン）
Earth Watch Japan の支援（Earth Watch Japan）
SATOYAMA イニシアティブと浦戸復興プロジェクト（国連大高等研究所）
防潮林　植林プラン（案）（ふらっとーほく）
浦戸フィールドミュージアム構想（東北大学）
蕪栗沼・ふゆみずたんぼプロジェクト（大和田順子）
環境省東北グリーン復興プロジェクト（環境省）
名取海岸林再生（ゆりりん愛護会）
高田松原について（高田松原を守る会）
塩釜浦戸里海復興海中公園構想（東北大学）
Treesm プロジェクト（くりこま高原自然学校）
90 歳ヒアリング（東北大学・NPO サステナブル・ソリューションズ）
荒浜の復興（農協集落組織 荒浜実行組合）
東北沿岸再生プロジェクト「浜街道五十三次」（ふるさとの再生･発展を支える有志の会）
キノコと炭での放射能除染の試み（小川真）
田んぼのいきもの調査（小川真）
東北グリーン復興事業者パートナーシップ（博報堂・東北大学）
大槌イノベーション協創事業（東京大学）
気仙椿（千葉一）
つながる湾プロジェクト（つながる湾プロジェクト運営委員会）
海岸防災林再生に向けた取り組み（宮城県緑化推進委員会）
陸前高田における住民による地域再生への取り組み
Re: プロジェクト（仙台市市民文化事業団）
震災復興に IT でできること（Code for shiogama）
津波被災地の生態系モニタリング（環境省・東北大学）
海洋大のプラットフォーム事業や復興支援の取り組み（東京海洋大学）
海岸植生の回復（北の里浜　花のかけはしネットワーク）
生物多様性アクション大賞と復興（CEPA JAPAN）
仙台市東谷地の状況（東北大学）
チリ地震津波により被災した漁師への伝統的漁業(NPO サステナブル･ソリューションズ)
南三陸を自然史の学び舎に（南三陸ネイチャーセンター友の会）
南三陸町の事例　流れゆく時の中で（ENVISI）
津波被災水田の生き物回復状況調査結果報告（環境保全米ネットワーク）
しおかぜ自然環境調査といきものログについて（環境省・自然環境研究センター）
南三陸の森から語るプロジェクト（博報堂）
生物多様性保護と持続可能な土地利用計画を目指す環境デザイン
（石巻市南浜地区の未来を考える会・東北学院大学）
増田川流域・生きものマップの紹介（ゆりりん愛護会）
宮城県生物多様性地域戦略（宮城県自然保護課）
ECO-DRR の実践（国連生物多様性の 10 年市民ネットワーク）
わたりグリーンベルトプロジェクト
子どもを対象とした自然体験プログラム「浜わらす」の活動紹介
（シャンティ国際ボランティア会）
子供小泉学（東京農工大学）
SDGs と防災に関する活動（国連生物多様性の 10 年市民ネットワーク）
三陸の海岸の未来（防潮堤を勉強する会）
金華山震災復興支援「宝島プロジェクト」活動（FIRST ASCENT JAPAN）
小中学生の自習支援活動（TERACO）

おわりに

東日本大震災の発生からすでに七年がたち、その間にも熊本の地震や西日本大水害など、大きな災害が起こっている。しかし、私たちが東北で感じた疑問が解決されるどころか、同じように繰り返されているような気がする。さまざまな災害とつきあって暮らしてゆかなくてはならないのは日本の宿命なのは事実であるが、災害をうまく避け、素早い復興ができるレジリエンスの高い社会へ舵をきった、とはとても言えない。さらに、最近では気候変化などによってさらにこれまで経験したことのない災害の可能性まで生じている。科学技術をさまざまに利用しながらも、地域の豊かな自然資本や、長い時間を経て経験した歴史とそれによって培われた地域社会の持続可能性に関する知恵を最大限に活用したしくみを考える必要がさらに高まっていると感じている。

「海と田んぼからのグリーン復興」会議（「うみたん会議」）の遂行ならびに本書の執筆にあたって、本書に登場した方々以外にも多数の方々の協力、援助・支援をいただき、この場をお借りして感謝申し上げる。二〇一一年東日本大震災は、文部科学省グローバルCOEプログラム「環境激変への生態系適応に向けた教育研究（生態適応GCOE）」が実施されている中で発生した。「うみたん会議」は大学が企業、自治体、NPOや一般の方々と協力して震災復興に貢献する研究・教育活動の一環としても推進され、生態適応GCOEプログラムからの多くの援助を受けた。また、国連大学高等研究所と協力で実施された浦戸諸島グリーン復興プロジェクトに対しては、SATOYAMAイニシアティブ国際パートナーシップから、南三陸および浦戸諸島のグリーン復興には復興庁からの「新しい東北先導モデル事業」の援助をいただいた。また東北大では、「社会にインパクトのある研究拠点」として「自然資本の利用による心豊かな社会の創造」プロジェクトが開始され、そこでもグリーン復興に支援をいただいた。また、大学共同利用機関人間文化研究機構の広領域連携型基幹研究プロジェクト「日本列島における地域社会変貌・災害からの地域文化の再構築」からも支援いただき、出版に関しては、総合地球環境学研究所の支援をいただいた。これらのご支援に対して心からお礼申しあげる。

総合地球環境学研究所の唐津ふき子さんには、宮城県や南三陸の地図を作製していただいた。また、昭和堂の松井久見子さんには、多くの助言をいただくと同時に丁寧な編集作業をしていただいた。いずれも本の完成には欠かせないものであり、たいへん感謝している。

この本が、地域の持続可能性とは何か、そしてその中で生物多様性や生態系などの自然資本が果たす役割は何かという点について、あらためて考えるきっかけになれば幸いである。

ナダ言語文化研究所南インド研究課程中退。専門は、南アジア地域文化研究、宗教経済論。現在、宮城県気仙沼を中心としたコミュニティ開発（震災復興）を支援しつつ、インダス文明の調査・発掘に携わっている。主な著作に「インドの経済開発と帰依の経済学――その固定と流動をめぐって」（野崎明編『格差社会論』所収、同文舘出版）、「クワ科植物が結ぶインダスと南インド」（長田俊樹編『インダス――南アジア基層世界を探る』所収、京都大学学術出版会）など。

土見大介（つちみ だいすけ）

東京都生まれ。株式会社 Haptech 代表取締役、一般社団法人 Harrp 代表理事、塩竈市議会議員。医工学博士（東北大学）。東北大学準職員を経て現職。専門は医療工学。父親が塩竈市浦戸寒風沢出身であることから、浦戸諸島に興味を持ち始める。

＊中静　透（なかしずか とおる）

新潟県生まれ。理学博士（大阪市立大学）。森林総合研究所主任研究官、京都大学生態学研究センター教授、総合地球環境学研究所教授、東北大学生命科学研究科教授などを経て、2016年より総合地球環境学研究所特任教授・プログラムディレクター。専門は森林生態学・生物多様性科学で、熱帯林および温帯林の動態と更新、林冠生物学、森林の持続的管理と生物多様性などを研究。主な著作に「モンスーンアジアの生物多様性」（井上民二他編『生物多様性とその保全』所収、岩波書店）、『森のスケッチ』（東海大学出版会）など。

名取　佑（なとり ゆう）

宮城県生まれ。宮城第一高校卒業、宮城教育大学在学。七ヶ浜町松ヶ浜にある母の実家で夏を過ごしていたが、東日本大震災の津波で実家が流出し、跡地が防潮堤用地となってしまった経験から、津波跡測量活動と「仙台の高校生で考える防潮堤の会」に参加。七ヶ浜（表浜）と仙台市（蒲生）の防潮堤問題の経緯を見守る活動に関わった。現在もその後を見守る活動を続けている。

藤田　香（ふじた かおり）

富山県生まれ。日経 BP 社日経 ESG 編集シニアエディター、日経 ESG 経営フォーラムプロデューサー。富山大学客員教授。NPO 法人「アースウォッチ・ジャパン」理事。東京大学理学部物理学科を卒業し、ナショナルジオグラフィック日本版副編集長、日経エコロジー編集委員を経て、現職。専門は生物多様性や自然資本経営、環境教育、ESG 投資、地方創生など。「海と田んぼからのグリーン復興（うみたん）会議」の当初からのメンバー。主な著作に『グリーンエコノミー時代を拓く　森で経済を作る』（日経 BP 社、編著）、『SDGs と ESG 時代の生物多様性・自然資本経営』（日経 BP 社）など。

小川　進（おがわ すすむ）

福岡県生まれ。一般社団法人「仙台教育技術研究所」代表理事、「仙台の高校生で考える防潮堤の会」顧問、「ダンボール教育造形普及会」代表、「宮城野桜の会」代表。元宮城県立高校理科数学教諭。写真部顧問。在職中から「地域教材地域学習」活動を実践、学校設定科目「塩釜学」開講、「塩釜の桜の学習」(2011年宮城教育大学賞受賞、2013年国立科学博物館野依科学奨励賞受賞)、「塩釜の陸水の学習」(2011年国立科学博物館野依科学奨励賞受賞)、2003〜10年塩釜高校浦戸巡検を企画運営。

＊河田雅圭（かわた まさかど）

香川県生まれ。東北大学大学院生命科学研究科教授。農学博士（北海道大学)。静岡大学教育学部助教授などを経て現職。専門は進化学・生態学で、生物の多様性がなぜ進化してきたのかを、ゲノム、分子レベルから生物集団、群集レベルでの解析をもとに研究。主な著作に『はじめての進化論』（講談社現代新書)、『進化論の見方』（紀伊國屋書店)、『生態適応科学——自然のしくみを活かし、持続可能な未来を拓く』（日経 BP 社、編著）など。

川廷昌弘（かわてい まさひろ）

兵庫県生まれ。博報堂 DY ホールディングス CSR 推進担当部長。2005年「チーム・マイナス6%」の立ち上げ直後から関わり、環境コミュニケーション領域に専従。2010年、生物多様性条約締約国会議でコミュニケーション・教育・普及啓発（CEPA）の決議で公式発言を実現し修正決議を引き出した。現在は SDGs が主要テーマで、「グローバル・コンパクト・ネットワーク・ジャパン」SDGs タスクフォース・リーダー。神奈川県顧問（SDGs 推進担当)。一般社団法人「CEPA ジャパン」代表。公益社団法人「日本写真家協会」会員で、写真家でもある。

＊岸上祐子（きしかみ ゆうこ）

福岡県生まれ。北陸先端科学技術大学院大学研究員。高校教職員、出版社、フリーランスの編集記者、独立行政法人科学技術振興機構サイエンスコミュニケーション推進本部などを経て現職。現在、東北大学大学院環境科学研究科博士課程後期在学中。主な著作に『ヤギの見る色どんな色——実験240日の記録』（ポプラ社、産経児童出版文化賞受賞)、『つながるいのち——生物多様性からのメッセージ』(山と渓谷社、共著)、『地球の未来と水』全3巻（さ・え・ら書房、共著)、『江戸・キューバに学ぶ“真”の持続型社会』（日刊工業新聞社、共著）など。

千葉　一（ちば はじめ）

宮城県生まれ。東北学院大学などで非常勤講師、「大谷大漁唄い込み保存会」理事、一般社団法人「前浜おらほのとっておき」理事、マイソール大学カン

■執筆者プロフィール（五十音順。＊印編者）

＊今井麻希子（いまい まきこ）

栃木県生まれ。国際基督教大学卒業。外資系企業で人事・企画・コンサルティングなどに従事。2010年生物多様性条約締約国会議にNGOとして参加。リオ＋20以降SDGs策定プロセスに携わる。生物多様性やソーシャルをテーマとした執筆・編集を手がけるほか、現在はNVC（非暴力コミュニケーション）を基盤に、内的・外的葛藤を超え、心からの関係性をつくるコミュニケーションを伝えている。

岩渕成紀（いわぶち しげき）

宮城県生まれ。宮城教育大学卒業。仙台市内の小・中学校教諭を経て兵庫教育大学生物学科修士課程修了。仙台市科学館学芸員、宮城教育大学客員教官を経て宮城県立田尻高校教諭。退職後に田尻に移住、「NPO法人田んぼ」を立ち上げる。「ふゆみずたんぼ」の実践的研究を行うほか、「田んぼの生きもの調査による定量的評価と田んぼの生きもの認証制度」や田んぼの環境教育の実践を支援。

岩渕　翼（いわぶち つばさ）

宮城県生まれ。一般社団法人「バードライフ・インターナショナル東京」シニア・プログラム・オフィサー。カリフォルニア州立大学卒業。東北大学大学院生命科学研究科博士課程修了。同研究科研究員、東洋大学生命科学部助教を経て現職。専門は淡水生態学および生物多様性・生態系サービスの評価。国内外の環境保全活動および活動評価手法の開発に関わる。

占部城太郎（うらべ じょうたろう）

神奈川県生まれ。東北大学大学院生命科学研究科教授。理学博士（東京都立大学）。千葉県立中央博物館学芸研究員、東京都立大学理学部助手、京都大学生態学研究センター助教授などを経て現職。専門は生態学・陸水学で、湖沼・河川・沿岸域の生態系を対象に、生物間相互作用とその物質循環機能や生物群集の構造決定機構などを研究。主な著作に『地球環境と生態系――陸域生態系の科学』（共立出版、編著）、『生態学が語る東日本大震災――自然界に何が起きたのか』（文一総合出版、編著）など。

大橋信彦（おおはし のぶひこ）

宮城県生まれ。「ゆりりん愛護会」代表。仙台第一高等学校、山形大学経済学部を卒業。株式会社電通退社後、任意団体「名取ハマボウフウの会」を立ち上げ、海浜植物の保護活動を展開。現在、「ゆりりん愛護会」で名取市閖上の海岸林保全と市民への啓蒙活動を行うほか、「二つの名取を結ぶ会」の代表として“伊予の名取”と“陸奥の名取”を結ぶ交流事業に従事する。

地球研叢書
生物多様性は復興にどんな役割を果たしたか
——東日本大震災からのグリーン復興

2018年11月15日 初版第1刷発行

編 者 中 静 透・河田雅圭
今井麻希子・岸上祐子

発行者 杉田啓三
〒607-8494 京都市山科区日ノ岡堤谷町3-1
発行所 株式会社 昭和堂
振込口座 01060-5-9347
TEL(075)502-7500/FAX(075)502-7501
ホームページ http://www.showado-kyoto.jp

印刷 亜細亜印刷

ISBN 978-4-8122-1734-4
*落丁本・乱丁本はお取り替えいたします。
Printed in Japan